일상, 과학다반사

일상,
과학다반사

세상을 읽는 눈이 유쾌해지는
생활밀착형 과학에세이

심혜진 지음

이런 것도
과학이야?

홍익**피앤씨**

Part 3   **오늘도 지구는
바쁘게 움직인다**

Part 4   생각보다 별것 아닌 과학 상식

Part 5 우리는 모두 함께 살아가고 있다

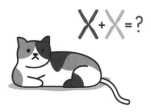

초등학교 여름방학, 평범한 아침이었다. 평소처럼 아침을 먹고 마당을 어슬렁거리고 있을 때 집 담벼락에 뭔가 붙어 있는 게 보였다. 가까이 다가가보니 매미였다. 이 매미는 그동안 봐온 것과 생김새가 뭔가 달랐다.

몸체는 이제 막 땅을 뚫고 나온 여린 새싹처럼 연한 초록색을 띠었고 날개는 하얀색이면서도 투명해(과장처럼 들리겠지만) 천사의 날개 같았다. 천사 아래쪽으로 30cm쯤 떨어진 곳에는 굼벵이 껍질이 있었다. 아름다운 빛깔의 매미가 조금 전까지 저 모습이었다는 게 믿기지 않을 정도로, 생명의 기운이라고는 전혀 느껴지지 않는 초라한 모습이었다. 너무 가까이 다가가면 천사가 날아가버릴 것 같아, 한두 걸음 떨어진 채 숨죽여 바라봤다. 몇 분 동안 매미는 그곳에서 꼼짝 않고 그대로 있었다.

시골에서 자란 내게 곤충은 장난감이나 마찬가지였다. 후드득 튀며 날아오르는 메뚜기와 뒷다리를 잡으면 위아래로 끄떡끄떡 몸을 움직이다 다리를 떼고 도망가는 방아깨비는 풀밭 어디에서든 잡을 수 있었다. 단단한 외피로 무장해 거무스름하게 빛나는 사슴벌레와 장수풍뎅이는 멋진 외모만큼이나 고급 장난감이었다.

그중에서도 나는 매미를 가장 좋아했다. 웨웅웨웅 한참 소리를 내다가도 근처에 다가가면 울음을 뚝 그치는 것이, 마치 '어딨는지 찾아봐'라고 내게 신호를 보내는 것 같았다. 나는 나름의 추리를 펼치며 매미를 잡기 위해 나무 주위를 뱅글뱅글 돌았다. 수많은 나뭇가지와 나뭇잎을 샅샅이 살핀 끝에 드디어 매미를 발견했을 때의 그 짜릿함이란! 눈치 빠른 매미를 놓치기 일쑤였지만, 그렇게 겨우 잡은 매미를 채집통에 몇 마리씩 넣어두었다.

하지만 그날의 매미는 만질 수 없었다. 아침 햇빛에 날개가 빛나고 있었다. 손으로 만지면 뭔가 큰 죄를 짓는 것 같아 가슴이 두근거렸다. 나는 매미를 보고도 어찌할지 몰라 그대로 서 있다가 다시 집 안으로 들어왔다. 어린 내가 감당하기엔 꽤 복잡하고 큰 감정이었을 것이다. 얼마 후, 다시 그곳에 갔을 때 매미는 어딘가로 사라지고 없었다. 안도감이 들었다. 곤충이 하나의 생명으로 다가온, 최초의 순간이었다.

과학에 대한 글을 쓰겠다고 마음먹었던 건 크게 두 가지 이유였다. 우선 무작정 글이 쓰고 싶었다. 배고플 때 뭘 먹을지 생각하듯, 무엇을 주제로 글을 쓸까 고민했다. 그때 어린 날의 매미가 떠올랐다. 그와 함께 하늘, 나무, 태양, 비, 바다, 물고기 같은 것들이 따라왔다. 작은 생명과 저마다의 삶에 대한 이야기들. 나는 어릴 때부터 이런 것들에 관심이 많았다. 이런 내용을 글로 써도 될까. 너무 작고 사소한 이야기 아닐까. 나는 주위 사람들에게 내가 하고픈 이야기를 하나둘 말로 건네보았다. 다행히 그들은 흥미를 보였고 나는 용기를 얻었다.

이 과정에서 알게 된 또 하나의 사실은 내 주위 성인 중에 의외로 과학을 두려워하는 이들이 많다는 거였다. 나는 이들과 무지개는 왜 주로 동쪽 하늘에 뜨는지, 달리다가 갑자기 넘어지는 이유는 뭔지, 생명의 순환에 인간이 어떻게 걸림돌이 되는지, 의견을 나누고 생각을 공유하고 싶었다.

과학에서 가장 중요한 건 추론과 논증이므로, 그 과정을 이해하면 세상을 읽는 눈도 밝아지고 소소하게 벌어지는 사건들을 해석하고 판단하는 능력도 길러지리라 생각했다. 생명에 대한 존엄성도 더 깊이 새겨지리라 믿었다. 그리 어렵지 않은 내용만으로도 충분했다. 쉬운 정보를 담은 책이나 글은 인터넷 사이트와 서점에서 쉽게 찾을 수 있었지만, 초등학생을 대상으로 한 경우가 많아 어른이 읽기엔 감성이 어울리지 않는다고 느꼈다. 나는 쉽게 접할 수 있는 과학 원리와 알면 도움이 될 정보를 '어른 감성'으로 전달하고 싶었다.

이 책에는 어려운 공식이나 이론이 담겨 있지 않다. 나는 연구원도, 과학 전공자도 아니다. 과학이라는 깊은 바닷속으로 당신을 데려갈 깜냥이 내겐 부족하다. 나는 다만 과학에 관심이 많고 일상에서 과학 원리를 발견하는 걸 소소한 기쁨으로 여기며, 그 기쁨을 나누고 싶을 뿐이다.

바다에 들어가려면 우선 물에 대한 두려움을 없애야 한다. 가장 좋은 방법은 물에 뜨는 법을 익히는 것. 뜨는 게 익숙해지면 조금씩 팔다리와 몸이 움직여지고 나중엔 숨도 쉬어진다.

과학이라는 바다가 익숙하지 않은 이들, 바다에서 몸을 띄우는 게 아직 두려운 이들에게 도움이 되길 바라는 마음으로 이 책을 썼다. 이 책을 디딤돌 삼아 머지않아 조금 더 깊고 먼 바다에서 자유롭고 신나게 유영하는 자신을 발견하게 된다면 더 바랄 게 없겠다. 글에 생명을 불어넣어준 출판사 관계자분들께 진심으로 감사드린다. 나의 행복과 에너지의 원천인 지원과 선우, 리치, 미미, 코코에게 언제나 고맙고 사랑한다고 전하고 싶다.

2019년 11월
심혜진

과학에서 가장 중요한 건 추론과 논증이므로,
그 과정을 이해하면 세상을 읽는 눈도 밝아지고
소소하게 벌어지는 사건들을 해석하고
판단하는 능력도 길러지리라 생각했다.
생명에 대한 존엄성도 더 깊이 새겨지리라 믿었다.
그리 어렵지 않은 내용만으로도 충분했다.

Part **1**

내 일상에
과학을 허하리라

으스스한 그날 밤,
전설의 과학

'번쩍, 쿠쿵.'

번개가 치더니 요란하게 비가 쏟아졌다. 한낮인데도 밤처럼 어두컴컴했다. 나와 언니, 남동생은 저마다 눈이 동그래져서는 누가 먼저랄 것도 없이 방 한가운데 모여 앉았다. 마침 부엌일을 마친 엄마가 방으로 들어왔다. 이렇게 으스스한 날과 어울리는 건 무서운 이야기다. 채 열 살이 안 된 아이들이 제일 겁내는 건 귀신이었다. 우린 엄마에게 귀신 이야기를 해달라고 졸랐다. "귀신이라…" 잠시 고민하던 엄마가 조심스레 입을 열었다. "좀 무서운데, 너희들 정말 괜찮겠어?" "얼른 해주세요!" 우린 기대감에 가슴이 두근거렸다. "좋아, 무섭다고 소리지르면 안 돼." 엄마는 진지한 표정으로 목소리를 낮췄다. 우린 엄마에게 바싹 다가앉았다.

"엄마가 스무 살이었을 때 일이야. 오빠가 결혼해서 옆 동 네로 이사를 갔어. 어느 날 일을 마치고 집에 갔더니 외할머 니가 오빠한테 뭘 갖다주고 오라고 심부름을 시키는 거야. 오빠네 집에 가려면 낮은 고개 하나를 넘어야 했지. 겨울이 라 해가 빨리 져서 금방 어두워졌어. 옛날엔 가로등도 없었 거든. 어두컴컴한 고개를 넘으려니 어찌나 무서운지, 막 큰 소리로 노래를 부르며 걸었어. 그래도 보름달이 떠서 아주 깜깜하진 않았어. 한참 가다보니 고개 너머에서 '어~허 너~ 여' 하는 상엿소리가 들리는 거야."

"상엿소리가 뭐야, 엄마?" 눈이 동그래진 남동생이 물었다.

"옛날엔 사람이 죽으면 시신을 무덤까지 직접 옮겼는데, 그때 부르는 노래를 상엿소리라고 해. 슬픈 노래지. 그런데 소리를 들어보니, 내 쪽으로 가까이 오고 있는지 소리가 점 점 커졌어. 산길에서 혼자 상여*를 맞닥뜨리면 무섭잖아. 겁 이 나서 막 뛰었어. 조금만 더 가면 오빠집이 나오거든. 너무 반갑게도 저 앞에, 올케언니가 집 앞에서 나를 기다리고 있 는 게 보였어. 나는 막 뛰어가서 '언니, 저기서 상여가 와요' 라고 말했어. 옛날엔 구경거리가 별로 없어서 상여행렬 지

---

* 사람의 시체를 실어서 무덤까지 나르는 도구로 가마와 비슷하게 생김.

나가는 것도 꽤 볼만했거든. 그런데 아무리 기다려도 상여가 안 오는 거야. 길은 여기 하나밖에 없는데 말이야. 언니가 춥다면서 '이만 들어가자'라고 했어. 그러고 보니 이제 상엿소리도 안 나더라고. 이상하다, 이상하다 하면서 뒤돌아 마당에 들어서는데, 갑자기 주먹만한 함박눈이 쏟아지는 거야. 눈앞이 안 보일 정도로 막 퍼붓듯이 말이야. 정말 이상하지. 조금 전까지 분명 보름달이 떠 있었는데."

초등학교 저학년이었던 나는 상여가 뭔지, 혼자 밤중에 산길을 걷는다는 게 어떤 건지 잘 몰랐다. 꽝꽝 울리는 천둥소리와 어두운 방안, 무섭다며 호들갑 떠는 언니와 덩달아 소리를 지르는 남동생, 그리고 다른 때와 달리 유독 심각하고 진지했던 엄마의 표정 때문에 무서우면서도 신이 날 뿐이었다.

오래전 이야기를 지금까지 자세히 기억하는 이유는 요즘도 가끔 보름달이 뜨거나 함박눈이 내릴 때면 엄마의 입에서 이 이야기가 자동으로 흘러나오기 때문이다. 칠순인 엄마는 아직도 그날 귀신이나 도깨비에 홀렸다고 믿고 있는 것 같다.

이야기만 놓고 본다면 사실 엄마가 겪은 일은 도깨비의 요술이 아니더라도 충분히 있을 법한 일이다. 우선 상엿소리가 들리다 만 것은 소리가 전달되는 방식 때문에 나타난 현상

일 수 있다. 소리는 공기를 타고 이동하는데, 온도가 높은 쪽에서 낮은 쪽으로 전달된다. 낮에는 태양빛을 받은 지표면이 공기층보다 온도가 높아서 소리가 위로 올라간다.

하지만 밤에는 지표면이 공기보다 빨리 식어 소리가 위로 올라가지 않고 옆으로 휘어진다. 소리가 공중으로 흩어지지 않고 지표면 쪽으로 전달되니 밤이 되면 멀리서 난 소리도 크게 들린다. 상엿소리는 엄마가 생각한 것보다 훨씬 멀리에서 들려왔을 가능성이 있다.

두 번째로 뇌가 소리를 인식하는 방식도 생각해야 한다. 큰 소리라고 무조건 잘 들리고 작은 소리라고 안 들리는 게 아니다. 뇌는 신호음과 소음을 구분한다. 신호음은 듣는 사람이 의미 있다고 여기는 소리고, 반대로 소음은 의미 없는 소리다.

대체로 자동차 지나가는 소리는 소음으로, 말소리는 신호음으로 인식한다. 물론 말소리라고 해서 모두 신호음이 되는 건 아니다. 와글와글 시끄러운 소리로 가득한 교실 안에서 다른 이야기는 잘 안 들려도 내 이름만은 마치 초능력처럼 분명히 들린다. 이때 내 이름이 바로 신호음이다. 우리 뇌는 동시에 발생하는 여러 소리 가운데 신호음만을 '진짜 소리'로 받아들인다.

그날, 엄마에게 상엿소리는 하나의 신호음이었다. 귀를 기울일수록 소리는 실제보다 더 크고 분명하게 느껴졌을 것이다. 또 그날 밤은 주먹만한 함박눈이 내렸다. 함박눈은 대개 습도가 높은 날 내린다. 공기 중의 물방울이 소리를 반사하는 역할을 하고, 소리는 증폭되어 귀에 전달된다. 게다가 밤길이다. 심장 뛰는 것도 느낄 만큼 예민한 심리상태도 한몫했을 것이다. 엄마는 이미 멀어지고 있는 상엿소리를 가까이 다가오는 것으로 착각했을 가능성이 크다.

그렇다면 보름달과 함박눈은 어떻게 설명할까? 달은 모양에 따라 하늘에 등장하는 시각과 장소가 정해져 있다. 같은 초저녁이라 해도 초승달은 서쪽에서, 오른쪽 반달(상현)은 머리 꼭대기에서, 보름달은 동쪽에서 볼 수 있다. 반면 그믐달은 해뜨기 직전 동쪽 하늘에 잠시 나타났다 사라진다.

대체로 구름은 서쪽에서 동쪽으로 이동한다. 우리나라는 위도상 상층에서 편서풍*이 불기 때문이다. 밤하늘이 어두웠던 탓에, 그리고 동쪽 하늘에 훤하게 뜬 보름달에만 시선이 간 탓에, 엄마는 서쪽에서 몰려오는 먹구름을 미처 보지 못했던 건 아닐까.

아무리 과학 지식을 들이밀어 해석해본들 엄마는 앞으로도 그날 일을 '여전히 알 수 없는 이상한 일'로 여길 것이다. 신비롭고 두렵기도 했던 그날의 강렬한 기억이 쉽게 지워지지 않을 테니 말이다. 적어도 상엿소리를 듣고 보름달과 주먹만한 함박눈을 두 눈으로 직접 본 엄마에게만큼은 그 일은 영원한 '전설의 고향'이다.

몇 해 전 이런 일도 있었다. 3년 동안 바다 밑에 가라앉아 있던 세월호를 바다 위로 올리기로 결정한 날, 하늘에 노란색 리본 모양의 구름이 나타났다. 조사 결과, 비행기가 지나간 자국도 조작한 사진도 아니었다. 비행기가 리본 모양으로 날아갈 이유도 없을뿐더러, 리본의 동그란 모양을 만들어내려면 공군 특수 비행팀인 '블랙이글스(Black Eagles)' 정도는

---

* 위도 30~65° 사이의 중위도 지방에서 일 년 내내 서쪽에서 부는 바람.

되어야 가능했을 것이다.

기상청 관계자는 이 구름을 '권운'이라 설명했다. 권운은 구름 중에서도 가장 높은 곳인 고도 5~13km에 생기는 구름을 말한다. 흰색의 가느다란 선이나 작은 조각, 띠 모양으로 무늬를 만드는 구름이다. 털구름, 새털구름으로 부르기도 한다.

그 구름이 권운이라는 건 지극히 맞는 과학적 '사실'이다. 그런데 저녁놀에 비쳐 노란색을 띤 그 구름은 세월호 희생자를 기리는 노란 리본과 너무나 닮아 있었다. 많은 이들에게 그 구름은 단순히 권운 따위가 아니다. 유가족의 절절한 슬픔과 그리움, 진실 규명을 바라는 시민들의 간절한 염원, 그리고 아이들과 희생자들이 보낸 메시지다.

눈부신 과학의 시대에도 가슴 아프고 눈물겨운 전설은 이렇게 탄생한다. 그래서 전설은, 진실이다.

염소가 알려준
커피의 맛

나는 커피를 좋아한다. 특히 비가 오거나 쌀쌀한 날엔 예쁜 잔에 믹스커피 한 봉 털어 넣어 따끈한 커피 한 잔을 마시고 싶다. 이런 날엔 커피향이 더 그윽해지는 것 같다. 하지만 그냥 꾹 참는다. 일 년을 통틀어 커피는 겨우 한두 잔 마실까 말까 한다. 처음부터 이랬던 건 아니다. 내게도 커피의 역사가 있다.

중학교 때 삼각형 모양의 비닐 곽에 든 커피우유를 곧잘 마셨다. 그런데 그런 날이면 이상하게 잠이 안 왔다. 평소 밤 열두 시를 넘기지 못하던 내가 새벽 한두 시까지 눈이 말똥말똥했다. 대신 다음 날 학교에서 내내 졸음과 씨름을 해야 했다. 카페인 때문이라는 걸 안 뒤론 커피우유를 꺼리게 되었다.

우리 몸은 스스로 늘 최고의 상태를 유지하기 위해 끊임없이 애쓴다. 몸을 움직이고 정신활동을 하려면 에너지가 필요하다. 세포는 ATP(adenosine triphosphate)라 불리는 유기화합물을 분해해 숨 쉬고, 걷고, 상황을 판단하는 등 모든 에너지를 만들어낸다.

ATP를 분해하고 나면 부산물로 아데노신(adenosine)이라는 물질이 만들어지는데, 몸 안에 아데노신이 어느 정도 쌓이면 뇌의 수용체에 전달된다. 이제 우리 몸은 피로를 느끼고 슬슬 잠이 오기 시작한다. 뇌가 몸에게 쉬어야 한다는 신호를 보내는 것이다. 에너지를 많이 쓸수록 아데노신도 많이 생성된다. 몸을 많이 움직이거나 정신 또는 감정노동을 심하게 한 날 유독 피곤함을 느끼는 건 이 때문이다.

그런데 요상하게도 아데노신과 비슷한 구조를 가진 물질이 있었으니 바로 카페인이다. 오직 아데노신만 들어가야 할 공간에 카페인이 대신 들러붙어 아데노신이 뇌에 전달되는 걸 막는다. 그러니 뇌가 우리 몸 상태를 알 리가 없다. 피곤을 느끼지 않고 잠도 오지 않는다.

카페인이 사람만 이렇게 만드는 건 아니다. 커피가 세계사에 처음 등장하게 된 건 에티오피아에 살던 칼디(kaldi)라는 양치기 소년이 키운 염소들 때문이다. 얌전하던 염소들이 어느 날부터 펄쩍펄쩍 뛰며 사방을 거칠게 내달리고 노래하듯 소리를 지르다가 시간이 지나면 다시 이전의 염소로 되돌아

왔다. 이상하게 여긴 소년이 염소들의 뒤를 밟았다. 염소들
은 낯선 빨간 열매와 잎을 먹은 후 또다시 날뛰었다. 소년이
그 열매를 씹어 먹어보니 신기하게도 기분이 좋아졌다. 그들
이 씹은 것은 커피나무의 잎과 열매였다.

커피가 필요한 순간도 있다. 중요한 시험이나 꼭 해야 할
일을 앞두고 잠시 잠을 미루고 싶을 때 카페인만큼 싼값에
큰 효과를 얻을 수 있는 게 또 있을까. 카페인은 식도를 통과
한 순간부터 45분 이내에 소장에서 흡수되어 몸 전체에 퍼
지고, 한두 시간 안에 혈중 농도 최고치에 이른다. 카페인 효
과를 제대로 볼 수 있는 시간이다.

카페인이 몸 밖으로 빠져나가는 시간은 여섯 시간에서 열네 시간으로 사람마다 편차가 크다. 그래서 저녁에 커피를 마시고도 금세 잠이 드는 사람이 있는가 하면, 한낮에 마신 커피 때문에 새벽까지 잠 못 이루는 사람도 있다. 물론 커피를 자주 마시는 사람에겐 내성이 생겨 수면에 전혀 영향이 없을 수도 있다.

나 역시 한때 카페인 중독을 꿈꿨다. 꼬박꼬박 하루 한 잔씩 커피를 마셨다. 며칠만 고생하면 내성이 생겨 자유롭게 커피를 즐길 수 있을 줄 알았다. 그런데 3일째부터 속이 쓰리고 뾰족한 것이 위를 찌르는 듯 통증이 왔다. 몇 차례나 시도를 했지만 그때마다 번번이 3일을 넘기지 못했다. 카페인은 위산을 과량 분비하게 하는 부작용이 있다는 걸 몰랐다. 나는 커피마시기를 포기했다.

얼마 전 남동생이 내게 "아직도 커피를 못 마시느냐"라고 타박을 했다. 일주일만 마시면 적응이 된다는 것이다. 나는 이미 다 겪은 바라며 위가 아파 포기한 이야기를 했다.

"그것까지 넘어섰어야지! 누나는 정신력이 너무 약해."

푸핫. 그런 거였구나. 딱 일주일만 버텨볼까. 아픈 위를 부여잡고 뜬눈으로 밤을 새면서 말이다. 곳곳에 들어선 카페에서 커피향이 풍겨올 때마다 고민한다. 다시 도전해봐? 말아?

봉숭아물이 오래 남으면
일어나는 일

초등학교 시절의 기억이다. 여름 막바지 찬바람이 불기 시작할 무렵이면 엄마는 나와 언니에게 봉숭아물을 들일 건지 물어보셨다. 마당의 봉숭아가 시들어버리면 내년 여름까지 기다려야 하니 그전에 마지막으로 한 번 더 들이라는, 권유에 가까운 질문이었다. 손톱에는 이미 초여름에 한차례 들인 붉은색이 절반이나 남아 있었다. 그런데도 나는 봉숭아 잎사귀를 뜯어 엄마에게 가져갔다.

엄마는 우리가 잠자기 직전, 백반과 함께 찧은 잎사귀를 손톱에 얹고 비닐봉지 자른 것으로 감싸 이불 꿰매는 실로 하나하나 찬찬히 묶어주셨다. 손가락 끝에선 저리다는 신호를 계속 보내오지만 꾹 참아야 한다. 아침에 일어나면 그중 몇 개는 비닐이 벗겨져 있다. 아마도 욱신거리는 고통을 참지 못하고 잠결에 떼어냈을 것이다. 귀찮아서 로션도 제대로 바르지 않던 내가 봉숭아물 들이는 수고를 감내한 것은 사실 예쁜 손톱을 뽐내고 싶은 욕심도 있었지만 봉숭아물에 대한 속설 때문이었다. 바로, 첫눈이 올 때까지 손톱에 봉숭아물이 남아 있으면 첫사랑이 이루어진다는 속설 말이다.

손톱에 봉숭아물을 들이는 것은 머리를 염색하는 것과 비슷하다. 봉숭아에는 장미에는 없는 주황염료라는 것이 꽃을 비롯해 잎, 줄기, 뿌리까지 퍼져 있다. 그래서 꽃이 진 이후에도 잎이나 줄기로 물을 들일 수 있다. 봉숭아를 찧을 때 흔히 백반이나 소금을 넣는데 손톱과 주황염료를 잘 붙게 해주는 접착제 역할을 한다. 이 같은 작용을 하는 것을 매염제라 부른다.

매염제는 촉매제와는 다르다. 촉매제는 두 물질 사이에서 반응이 잘 일어나게 돕고 자신은 쏙 빠진다. 반응을 돕는 건 매염제도 마찬가지지만 매염제는 두 물질 사이에 자신을 단단히 끼운 채로 반응을 끝낸다. 촉매제가 중매쟁이라면 매염제는 다단계 회사 중간 판매원이라고 할까?

백반 덕분에 예쁜 진빨강을 손톱에 남기는 것까지는 참 좋다. 그런데, 무시무시한 속설 하나가 심장을 조인다. 손톱에 봉숭아물이 남아 있으면 수술할 때 전신마취가 안 된다나?

그래서 만일 사고가 나서 마취를 해야 할 경우 손톱을 생으로 뽑아야 한다는 것이다. 생각만으로도 고개를 절레절레 흔들게 된다.

사실은 마취가 안 되는 것은 아니다. 예전엔 수술 중 마취한 환자의 상태를 손톱 색으로 파악했다고 한다. 환자의 호흡에 문제가 생기면 저산소증으로 혈액순환이 안 돼 손발톱이 파랗게 보이는데 봉숭아물 때문에 이를 확인하기 어려웠던 것이다. 지금은 의학기술이 좋아져 굳이 손톱을 뽑을 필요까지는 없으니 안심해도 된다.

봉숭아물은 대부분 봉숭아꽃이 한창 피기 시작하는 6월에서 7월 사이에 들인다. 손톱은 하루에 약 0.1mm씩, 한 달이면 대략 3mm가 자란다. 손톱 길이는 웬만하면 15mm를 넘지 않으니 6월에 들인 봉숭아물은 11월이면 손톱에서 자취를 감춘다. 따뜻한 지역일수록 첫눈 오는 시기는 늦어지기 마련. 내가 살던 곳은 지독스레 눈이 오지 않는 따뜻한 남해안의 시골마을이었다.

악조건 속에도 다행히 나는 첫눈이 오는 순간까지 손톱에 봉숭아물을 남겨놓을 수 있었다. 그것도 여러 차례나. 그렇다면 내 첫사랑은? 결혼까지 한 마당에 비밀로 해두는 편이 좋겠다.

새와 사람이
낮과 밤을 구별하는 법

오래전 친구들과 새해 첫 일출을 보러 동해에 갔다. 전날 밤새 달린 덕분에 이른 새벽에 목적지에 도착했다. 이미 엄청나게 많은 사람들이 해수욕장 일대에 차를 주차해놓고 해가 뜨기를 기다리고 있었다. 우리도 부랴부랴 차를 대고 어두운 바닷가를 향해 걸었다.

인파를 비집고 자리를 잡았다. 하늘 끝이 붉어질수록 설렘과 흥분은 커졌다. 드디어 쇳물처럼 빛나는 붉은 해가 조금씩 바다 위로 올라왔다. 바로 그때, 눈앞에 신기한 광경이 나타났다. 조금 전까지만 해도 바위 곳곳에 앉아 있던 새들이 해가 뜨기 시작하자마자 일제히 바다 위를 날며 물고기를 낚아챘다. 맹렬하고 요란스럽고 멋진 장관이었다. 그렇게 몇

분이나 지났을까. 해가 완전히 솟아오른 뒤 새들은 사냥을 멈추고 하나둘 어디론가 사라졌다.

이 일은 오랫동안 내 머리에서 지워지지 않았다. 해가 완전히 떠오르면 물고기가 더 잘 보일 것 같은데, 굳이 어스름한 일출 빛에 사냥을 하고 이내 잠잠해진 이유가 뭔지 궁금했다. 최근 러셀 포스터와 레온 크라이츠먼이 쓴《바이오 클락》을 읽다가 한 구절이 눈에 띄었다.

밤 동안 컴컴한 바다에 적응해 있던 물고기의 눈이 태양빛에 익숙해지려면 20분 정도 시간이 필요하단다. 그래서 일출에 대비한 눈을 가진 동물은 더 효과적으로 먹이를 잡아먹을 수 있다는 것이다. 이 내용을 위의 상황에 적용해보면, 일출 무렵 물고기는 빛과 어둠 사이에서 우왕좌왕하며 포식자를 제대로 피하기 어렵다. 새들은 이 순간을 노려 사냥에 집중한다.

그런데 한 가지 의문이 생긴다. 새들이 일출에 맞춰 물고기를 잡으려면 해 뜨는 시각을 미리 알고 있어야 한다. 일출 시각은 계절에 따라 날마다 조금씩 빨라지거나 늦어진다. 시계를 볼 줄도, 수학적인 계산능력도 없는 새들이 어떻게 날마다 바뀌는 해 뜨는 시각을 알 수 있을까.

인간을 비롯해 동식물부터 박테리아까지 살아 있는 모든 생명체의 몸속에는 하루를 주기로 한 생체시계(biological clock)가 있다. 생체시계에 따라 심박수, 혈압, 체온, 근력, 호르몬 분비 등 많은 활동이 1일 주기 패턴으로 오르락내리락 한다. 문제는 낮과 밤의 길이가 날마다 조금씩 달라진다는 점이다.

생체시계가 일 년 내내 같은 시간에 수면과 기상 신호를 보낸다면 야생에서 살아가는 동물은 포식자를 피하기도, 먹이를 제때 구하기도 어려워 살아남기 힘들다. 다행히 생체시계는 일출과 일몰의 빛으로 낮과 밤의 길이를 자동으로 계산한다. 그래서 다음 날 일출과 일몰 시간을 예측할 수 있다.

생체시계가 하는 일은 이뿐만이 아니다. 낮의 길이를 통해 지금이 일 년 중 어느 시기인지를 파악하고 번식이나 이동을 준비하게끔 한다. 이러한 특징은 낮 길이의 변화가 거의 없는 적도에 사는 동물들보다 계절에 따라 낮의 길이가 많이 달라지는 고위도 지방의 동물들에게서 더 뚜렷하게 나타난다. 바닷새는 날마다 조금씩 달라지는 낮 길이에 따라 재설정되는 생체시계의 알람 덕분에 20분의 '사냥 골든타임'을 놓치지 않을 수 있는 것이다.

바닷가에 가지 않더라도 우리 주위에서 얼마든지 생체시계의 신비를 느낄 수 있다. 얼마 전 선반 한쪽에 방치해두었던 히아신스 화분에서 조그만 싹이 올라와 깜짝 놀랐다. 작년 4월 꽃이 진 후 일곱 달 동안 눈길 한 번, 물 한 번 주지 않

왔다. 말라비틀어진 줄로만 알았던 알뿌리에서 새잎이 나온 것도 생체시계 덕분이다.

인간의 생체시계는 뇌 안에 있고 이를 시교차상핵(supra-chiasmatic nucleus)이라 부른다. 생체시계는 유전자에 새겨진 것이어서 그 어떤 주위 환경의 변화에도 '1일 주기'를 끝내 놓치지 않는다. 컴컴한 어둠 속에서 하루를 보낸다고 하더라도 생체시계는 여전히 바늘을 움직여 평소 일어나던 시간에 눈을 뜨게 만들고, 잠자던 시간에 하품이 나오게 한다.

생체시계의 주기는 24시간이지만 매 순간 바늘이 가리키는 시간은 사람마다 다른데, 이것은 유전적으로 타고난 것이기에 쉽게 바뀌지 않는다. 즉, 아침형 인간(종달새형)과 저녁형 인간(올빼미형)은 이미 태어날 때부터 정해져 있고 이는 노력이나 훈련만으로 바꾸기 어렵다는 말이다.

밤 10시에 잠이 들어 아침 6시에 일어나는 사람이나 새벽 4시에 잠이 들어 낮 12시에 일어나는 사람이나 모두 하루 여덟 시간 잠을 자며, 하루를 주기로 잠이 들었다 깨기를 반복한다는 점은 같다. 다만 아침형 인간은 오전에 집중력이 가장 좋고 오후 6시가 지나면서 급격히 산만해지는 반면, 저녁형 인간은 오후부터 집중력이 높아지기 시작해 저녁 6시에 뇌가 가장 활발히 활동을 한다.

이 두 유형의 사람이 함께 학교를 다니고 회사생활을 한다고 상상해보자. 어떤 일이 벌어질까? 아침형 인간의 두뇌가 팍팍 돌아갈 무렵 저녁형 인간의 눈은 떠 있으되 뇌는 아직 한밤중이다. 저녁형 인간이 이제 공부나 일을 좀 시작할라 치면 학교 수업은 모두 끝나고 회사원은 퇴근 준비를 해야 한다. 현대사회는 아침형 인간에게 절대적으로 유리하다.

이와 관련해 2015년 3월 독일에서 흥미로운 연구결과를 발표했다. 독일 철강회사인 티센크루프(Thyssenkrupp)는 회사 직원들의 수면 습관을 면밀히 분석해 아침형 직원에겐 야간 작업을 하지 않도록 하고, 저녁형 직원은 이른 아침 근무에서 제외시키는 등 개인이 맞는 시간대에 일을 할 수 있도록 했다.

변화는 즉각적이고도 놀라웠다. 일의 능률이 크게 오르고 직원들의 스트레스는 대폭 줄었다. 휴일 수면시간도 줄어들었다. 평소 각자의 생체시계에 따라 잠을 충분히 잘 수 있었기 때문이다. 휴일에 잠자는 대신 깨어 있는 시간이 늘어나면서 삶의 만족도가 올라갔고 자연스레 월요병도 사라졌다.

주인의 무관심 속에 싹을 틔운 히아신스는 두 달 사이 부쩍 자라 지금 한창 진분홍 꽃을 피워내고 있다. 향기도 아주 좋다. 문득 내 생체시계의 바늘은 어느 방향을 향하고 있을까 궁금해진다. 조급한 마음 없이 내 안의 시계에 순응하며 따를 때, 작은 꽃이나마 피워낼 수 있지 않을까. 꽃이 아니면 어떠랴. 그게 나인 것을.

휴대폰 배터리는
어떻게 충전이 될까?

휴대폰이 이상해졌다. 화면에는 분명 배터리가 60%나 남았다고 표시되어 있는데도 몇 분만 들여다보고 있으면 전원이 꺼져버린다. 얼마 전엔 처음 가보는 낯선 동네에서 휴대폰으로 길을 찾던 도중 화면이 나가버리는 황당한 일도 겪었다. 이런 사태가 올까 봐 미리 보조배터리를 챙긴 덕에 도시 미아가 되는 일은 모면했다. 배터리가 수명을 다한 모양이다. 만 4년 동안 썼으니 꽤 오래 버텼다.

배터리는 휴대용 전자기기의 성능과 수명을 좌우하는 결정적 요소다. 초창기 작은 화면의 휴대폰은 문자메시지를 보낼 때를 제외하곤 화면을 오래 들여다볼 일이 없었다. 그래도 하루 한 번 꼬박꼬박 배터리를 충전해야 했다. 근 20여 년 사이 휴대폰은 컴퓨터 수준으로 발전했고 배터리 성능도 무척 좋아졌다. 무게와 부피가 줄었고 용량이 크게 늘었다. 배터리를 만드는 원료에 큰 변화가 있었기 때문이다.

초창기 휴대폰 배터리에는 니켈같은 중금속이 원료로 쓰이던 것이 요즘은 주로 리튬(lithium)을 사용한다. 리튬은 원자번호 3번으로 세상의 모든 금속 가운데 가장 가벼운 물질이다. 배터리의 무게를 줄이는 데 핵심 역할을 한다. 그렇다고 배터리에 리튬 금속이 덩어리째로 들어 있는 건 아니다.

이온 상태의 리튬은 배터리 속 액체 상태의 전해액* 사이를 자유롭게 오가며 전기에너지를 전달해 휴대폰을 밝히고 소리를 내고 진동을 울린다. 이온은 양극(+)이나 음극(-) 전기를 띠는 입자를 의미하고, 이러한 배터리를 리튬이온전지라고 한다.

리튬이온전지는 양극, 음극, 전해액, 분리막으로 구성되어 있다. 양극에는 리튬이온이, 음극에는 주로 흑연이 들어간다. 충전을 할 때에는 양극의 리튬이온이 전해질을 타고 이동해 음극의 흑연 사이에 차곡차곡 쌓인다. 모든 리튬이온이 음극으로 이동하면 충전 100% 상태가 된다. 휴대폰을 충전기에서 분리하는 순간부터 음극에 가 있던 리튬이온은 다시 원래

---

* 이온이 원활하게 이동하도록 돕는 매개체 역할을 하는 물질.

자리인 양극으로 되돌아오기 시작한다. 이때 방출된 전기에
너지를 휴대폰이 사용하는 것이다.

마지막으로 분리막은 양극과 음극이 서로 만나지 못하도
록 막는 대신 좁은 틈으로 이온들만 이동하게끔 하는 역할을
한다. 만일 이 틈으로 전자가 통과해 양극과 음극이 만나면
전자가 빠르게 이동하면서 과열되고, 심할 경우 폭발할 수도
있다. 그래서 전해액으로 용매를 사용하는 대부분의 휴대폰
배터리는 폭발의 위험을 안고 있다.

이 때문에 전해액 대신 고체인 폴리머(polymer)라는 화합
물을 사용하기도 한다. 대표적으로 애플사의 아이폰이 폴리
머를 사용한다. 폴리머는 전지를 둘러싸고 있는 외관이 두껍

지 않아도 되기 때문에 휴대폰 두께를 얇게 만들 수 있다. 또 리튬이온을 전달하는 능력과 안정성이 높고 무게도 가볍다.

그러나 전해액을 사용하든 폴리머를 사용하든 현재 휴대폰 배터리는 추운 환경에서 제대로 전력을 내지 못하는 것이 큰 단점이다. 영하의 온도에서 전해액이 얼고 폴리머가 굳으면 리튬이온의 이동이 느려져 배터리가 제 성능을 발휘하지 못하게 되고, 심하면 전원이 꺼지기도 한다. 물론 따뜻한 곳에 가면 배터리가 다시 살아나지만 이 과정이 반복되면 배터리의 성능이 영구적으로 낮아질 수 있다.

지금은 주로 소형 가전제품에서 휴대용 배터리를 사용하지만 앞으로는 전기자동차 등 큰 전력이 필요한 곳까지 나날이 영역이 확대될 것이다. 그때쯤이면 휴대폰 배터리를 일주일이나 한 달에 한 번만 충전하거나, 어쩌면 반영구적으로 사용할 수 있을지도 모른다. 배터리 때문에 정든 휴대폰과 이별하는 일이 앞으로 몇 번이나 더 있으려나. 그 간격이 점점 길어지면 좋겠다.

갈색 개의 희생과
호르몬

올봄, 코 양쪽 얼굴 피부가 울긋불긋한 것이 근질근질하고 각질이 일어났다. 스트레스를 받거나 음식을 잘못 먹으면 가끔 목에 발진이 생기긴 했지만 얼굴이 가려운 건 처음이었다. '병원에 가야지' 생각만 하고 하루 이틀 미루다보니 석 달이 훌쩍 지났다. 그사이 가려운 부위가 넓어지고 염증까지 생겼다. 참다못해 피부과에 갔다. 의사를 만난 지 채 1분도 되지 않아 '지루성피부염'이라는 진단이 나왔다. 바르는 약과 먹는 약을 처방받았다.

처방전을 받으면 약 이름을 인터넷으로 검색해보곤 한다. 보통 조심해야 할 약으로 두 종류가 있는데 하나는 항생제, 다른 하나는 스테로이드제다. 내가 먹어야 할 약은 두 가지

다녔다. 항생제는 흔히 염증이 생겼을 때 먹는 약이다. 그렇다면 스테로이드제는 뭘까.

스테로이드제는 간단히 말해 호르몬 성분의 약이다. 호르몬은 우리 몸에서 만들어지는 화학물질로 기분과 행동, 수면, 면역, 대사, 성장 등 많은 활동에 관여하는 중요한 물질이다. 특정한 분비샘에서만 나오고 혈액을 통해 전신으로 퍼지며, 정해진 기관에서만 제 역할을 하는 특징이 있다.

인체에는 뇌하수체, 갑상샘, 난소와 고환 등 아홉 개의 호르몬 분비샘이 있다. 스테로이드는 그중 부신이라는, 양쪽 콩팥 위에 붙은 내분비기관에서 만들어지고 분비된다. 스테로이드제는 우리 몸이 큰 스트레스를 받았을 때, 이에 대항하기 위해 분비하는 호르몬을 본떠 만든 합성 약물이다. 염증과 알레르기를 빠르고 강하게 잠재우는 효과가 있지만 부작용도 커 정확한 처방에 따라 복용해야 한다.

지금은 이렇게 호르몬을 병의 치료에 사용하지만, 사실 호르몬의 정체는 1900년대 초반에만 해도 밝혀진 것이 거의 없었다. 1848년 독일에서 수탉의 고환을 떼어내거나 이식하는 실험을 통해 고환이 어떤 물질을 혈액으로 분비하고 그 물질이 전신으로 퍼져나가 특정한 곳에 도달한다는 것을 알아냈을 뿐이었다.

본격적인 연구가 시작되던 시기, 호르몬 실험에 희생된 갈색 개 한 마리가 있었다. 랜디 허터 엡스타인의 《크레이지 호르몬》에 당시 이야기가 실려 있다. 1902년, 어니스트 스탈링(Ernest Starling)과 윌리엄 베일리스(William Bayliss)라는 영국의 두 생물학자는 실험실에 갈색 개 한 마리를 데려와 소화관 근처의 신경을 모두 잘랐다. 그리고 신경이 잘린 개의 췌장에서 소화액이 분비되는 것을 보고는 췌장이 소화액을 분비하는 과정은 신경과 관계없는 화학적 반사작용임을 밝혔다.

그런데 어느 날 베일리스의 강의실에 동물실험에 반대하는 운동가 두 명이 숨어들었다. 마침 그날 베일리스는 두 달 동안 이어진 생체 실험으로 엉망이 된 갈색 개를 다시 데려와 전기자극을 가하고 침샘을 자극하는 실험을 했었다. 결국 갈색 개는 췌장을 적출당한 채 죽었고, 동물단체 운동가들은 이 장면을 생생히 목격하게 되었다.

사실 1876년부터 영국에는 이미 '동물학대에 관한 법률 개정'이 마련돼 있었다. 그 법에 의하면 한 동물은 한 번만 실험에 사용해야 했고, 실험 동물에게는 실험에 방해되지 않는 범위 내에서 진통제를 투여해야 했다. 하지만 베일리스와 스탈링은 이를 제대로 지키지 않았다. 법정 다툼까지 간 결과 오히려 동물실험에 반대하는 쪽이 명예훼손으로 배상금을 지불해야 했다. 갈색 개는 어차피 안락사될 예정이어서 다른 개를 사용하는 대신 그 개를 '재사용'했고, 진통제를 불충분하게 사용했다는 증거가 없다는 이유였다.

2년 후 스탈링은 런던왕립학회 강의에서 세계 최초로 '호르몬'이란 말을 사용했다. 호르몬은 '흥분시키다' 또는 '자극하다'라는 뜻의 고대 그리스어 호르마오(hormao)에서 따온 것이다.

이듬해인 1906년, 런던의 어느 잔디밭에 한 독지가의 후원으로 갈색 개의 동상이 세워졌다. 1907년 의대생들이 이 동상을 부수려는 시도를 하며 동물실험 찬반 시위와 논쟁을 불러일으켰고, 결국 1910년 동상은 철거됐다. 그리고 75년 뒤인 1985년, 런던의 배터시 공원(Battersea Park)의 구석에 다시 건립돼 지금까지 자리를 지키고 있다.

내가 먹고 있는 피부병약도 그 갈색 개의 희생과 연관이 있다. 이 약이 없었다면 내 피부병은 어떻게 되는 걸까. 그들을 죽여 인간이 편해지는 게 옳은 걸까. 좀 쉬고 몸에 좋은 걸 먹었다면 피부가 좋아지지 않았을까. 약 한 알을 앞에 두고 생명의 존엄을 떠올리다니, 대책 없는 이중성에 서글퍼진다.

연탄에 구멍이
뚫려 있는 이유

한 모임에서 어떤 이가 심각한 표정으로 말을 건넸다. 그는 얼마 전 20여 년 동안 살던 아파트에서 단독 주택으로 이사를 했다고 한다. 사연인즉, 이사 간 집에서 연탄보일러를 사용하는데, 연탄이 예전보다 훨씬 작아진 것 같다는 거였다. 그래서 더 빨리 타고 더 자주 갈아줘야 한다며 불평을 했다. 연탄 생산업체가 서민들을 속이는 것 같은데 어디 신고라도 해야 하는 것 아니냐며 목소리를 높였다.

워낙 진지하게 이야기를 하는 통에 그 자리에선 그냥 고개를 끄덕였지만 실은 빙긋 웃음이 났다. 투박한 생김새 때문인지, 그는 연탄을 아무나 쉽게 '뚝딱' 만들어내는 것으로 생각하는 것 같다. 하지만 연탄은 그가 생각하는 것처럼 마음대로 모양을 바꿔 만들 수 있는 게 아니다.

연탄은 추운 겨울 많은 가정의 난방을 책임지는 엄연한 난방연료로써 한국산업표준(KS)에 맞게 생산하게 되어 있다. 한국산업표준에서는 연탄의 크기와 무게를 1호부터 5호까지 다섯 가지로 규정하고 있다. 또 1kg 당 4500kcal 이상이라는 발열량 기준과 30cm 높이에서 떨어뜨렸을 때 부서지지 않아야 한다는 점도 분명히 해두었다. 가정에서 사용하는 연탄은 그중 2호로 지름 158mm, 높이 152mm, 무게 4.5kg이다. 그런데 규정에 없는 것이 한 가지 있다. 바로 연탄구멍의 개수다.

연탄은 구멍이 뚫린 독특한 생김 때문에 '구멍탄'이라 불린다. 한국산업표준에서도 연탄이라는 말 대신 구멍탄이란 이름을 사용하고 있다. 연탄은 구멍 수에 따라 이름을 달리 부르는데 1970년대 이전 가정에서는 구멍이 19개인 십구 구멍탄을 사용했다. 연탄을 흔히 '구공탄'이라고도 부르는데 십구 구멍탄에서 유래했다는 설이 있다. 이름이 길고 어감이 좋지 않아 '십'을 빼고, '구멍'을 한자 '공(孔)'으로 바꿔 '구공탄(九孔炭)'으로 줄여 부르게 됐다는 것이다. 구공탄이라면 구멍이 아홉 개여야 하는데, 우리나라에서 구멍 아홉 개인 연탄은 생산된 적이 없다는 점도 이 설을 뒷받침한다. 현재 가정에서는 구멍 22개나 25개인 연탄을 주로 사용한다.

연탄은 1980년대까지 가정 난방의 80%를 차지한 대표 연료였다. 연탄은 장작에 비해 보관과 화력 조절이 쉬워 단박에 많은 이들의 아궁이를 차지할 수 있었다. 그러나 연탄에겐 치명적인 단점이 있었다. 연탄이 활활 타지 못하고 불완전연소*가 될 때면 일산화탄소가 발생하는데, 일산화탄소가 방바닥의 갈라진 구들장 틈으로 새어나와 사람들의 목숨을 앗아가는 일이 종종 발생한 것이다.

혈액 속엔 적혈구라는 세포가 있고 적혈구 속엔 헤모글로빈이라는 물질이 있다. 헤모글로빈에는 오직 산소만이 들러붙을 수 있는 특별한 자리가 마련돼 있어 혈액을 통해 우리 몸 곳곳으로 산소를 운반하는 일을 한다. 그런데 얄궂게도 산소 자리는 일산화탄소와도 꼭 들어맞는다. 그뿐만 아니라 헤모글로빈과의 결합력은 산소보다 250배나 강하다. 산소를 운반해야 할 헤모글로빈에 일산화탄소가 달라붙게 될 경우 우리 몸은 산소 부족 상태가 되고 마는 것이다.

일산화탄소 중독으로 가장 먼저 타격을 입는 것은 산소 사용량이 높은 장기인 뇌와 심장이다. 중독이 되면 우선 두통, 어지럼증과 함께 속이 메스꺼워지는 증상이 나타난다. 심해지면 호흡 마비와 발작이 일어나고 혼수상태에 이르기

---

* 산소의 공급이 충분하지 않은 상태에서 물질이 타는 현상.

도 한다.

어렸을 때 몇 차례 연탄가스를 마시고 머리가 아팠던 기억이 있다. 엄마는 한 손으로 당신의 아픈 머리를 짓누르고 다른 손으로는 우리에게 동치미 국물을 먹였다. 동치미 국물에 들어 있는 유황성분이 호흡을 돕고 체내 독소를 빨리 배출시킨다는 이야기가 있지만 이 민간요법은 사실 큰 효과는 없다. 가벼운 중독인 경우 가장 빠르고 좋은 해결책은 창문을 열고 환기를 시켜 맑은 공기를 마시는 것이다.

어렸을 때 아빠는 '연탄에 구멍이 뚫려 있는 이유는 연탄집게로 집어야 하기 때문'이라고 말씀하셨다. 구멍이 없다면 어떻게 연탄을 들 수 있느냐는 것이다. 평소 농담하기를 좋아하셨던 아버지가 우리를 놀리기 위해 지어낸 이야기일 것이다. 보일러 기술자였던 아버지가 그 이유를 모를 리가 없었을 테니 말이다.

연탄에 구멍이 뚫려 있는 이유는 쉽게 짐작할 수 있듯이 연탄의 화력을 강하게 하기 위해서다. 구멍으로 산소가 드나들면서 연탄 전체에 골고루 불이 붙어 강한 불꽃과 높은 온도의 열기를 발산한다. 연탄을 만드는 기술력이 늘어남과 동시에 구멍의 개수도 많아졌는데, 그 이유는 연탄을 난방만이 아니라 음식을 만드는 취사용으로도 사용하게 됐기 때문이라고 한다.

하지만 구멍이 있어 조금 수월해졌을지는 몰라도, 연탄집게로 연탄을 집는 일은 만만한 일이 아니었다. 자칫 세게 쥐면 연탄이 깨져버리고, 그렇다고 약하게 쥐면 옮기는 도중에 떨어져 박살이 나기도 했기 때문이다. 관건은 힘 조절이다. 연탄은 그야말로 떨어질까 다칠까 애지중지 귀하게 다뤄야 하는 까다로운 것이었다. 연탄아궁이가 있는 집에서 살아본 이들이라면, 저마다 연탄과 관련한 일화들이 적어도 한두 가지씩은 있지 않을까.

내게도 '연탄' 하면 가장 먼저 떠오르는 기억이 있다. 차가운 새벽녘, 방문 열리는 소리가 희미하게 들린다. 아직 해가 뜨기엔 한참 이른 시간이다. 아궁이 뚜껑이 열리고 하얀 연탄재가 나오고 빈자리에 새 연탄이 들어간다.

이불 속에서 눈을 감고 있었지만 소리만으로도 알 수 있었다. 연탄불을 갈기 위해 달콤한 새벽잠을 끊고 몸을 일으킨 엄마의 움직임을. 그 수고로움을 생각하면 지금도 가슴 한편이 따뜻해진다. 그리고 아리다.

오이를 못 먹는 건
유전자 탓?

생채소가 여름 밥상을 제대로 장악하고 있다. 더위 때문에 요리가 힘들지만 꼭 그 이유만은 아니다. 채소와 과일의 성대한 축제가 벌어지는 계절인 여름. 이 계절이 준 소중한 선물을 '날것 그대로' 즐기고 싶다.

그중에서도 오이는 냉장고에 빼놓지 않고 채워둔다. 오이는 반찬으로도 좋지만 출출한데 딱히 밥은 먹기 싫고, 과일 썰기도 세상 귀찮을 때 그냥 물에 쓱쓱 씻어서 손에 들고 먹기 딱 좋다. 와작와작 씹는 소리에 스트레스도 달아나는 것 같다.

오이 껍질에는 쓴맛이 나는 쿠쿠르비타신(cucurbitacin)이라는 성분이 들어 있다. 수박, 참외, 멜론 등 대부분의 박과

식물이 이 성분을 지니고 있다. 쿠쿠르비타신은 해충으로부터 스스로를 보호하기 위해 만든 독성물질로 쓴맛이 난다. 사람도 많이 먹으면 식중독을 앓을 수 있다. 그렇다고 걱정할 필요는 없다. 오이든 참외든 식용으로 재배되는 작물에는 몸에 해가 될 정도의 독성이 들어 있지 않다. 다만 쿠쿠르비타신이 몰려 있는 껍질과 꼭지 부분을 먹기가 좀 힘들 뿐이다.

오이 껍질에서도 종종 쓰고 떫은맛이 느껴진다. 햇볕이 강할수록 오이는 이 성분을 많이 만들어낸다. 그래서 날이 가물어 오이에 수분이 부족해질수록 쓴맛은 배가 된다. 그렇다고 해서 영양성분이 많은 껍질을 버리면 너무 아깝다. 이럴 때 좋은 방법이 있다.

굵은 소금으로 껍질을 문지르는 것이다. 쿠쿠르비타신은 수용성 물질이어서 물에 쉽게 녹는다. 소금으로 문질러 껍질에 생채기를 내면 삼투현상*으로 오이에서 물이 빠져나오는데, 이때 쿠쿠르비타신도 물에 녹아 함께 나온다. 쓴맛이 빠진 덕분에 꼭지와 껍질을 부담 없이 먹을 수 있고 소금 때문에 살짝 짭짤하게 간이 되어 먹기에도 더 좋다.

그런데 의외로 오이를 못 먹는 이들이 주위에 꽤 있다. 오이만큼 상큼하고 순한 맛의 채소를 싫어하다니, 얼핏 이해

---

* 농도가 낮은 곳에서 높은 곳으로 선택적 투과성 막을 통한 물의 이동 현상.

하기 어렵지만 이건 식성이 아닌 유전자 문제일 수 있다. 미국 유타대학교 유전과학센터는 오이의 쓴맛에 민감하게 반응하는 특정 유전자가 있다는 연구결과를 발표했다. 사람의 7번 염색체에 존재하는 'TAS2R38' 유전자에는 쓴맛에 민감한 PAV타입과 둔감한 AVI타입의 두 종류가 있는데, 민감한 유전자를 지닌 이들은 그렇지 않은 이들에 비해 100배에서 1000배 가량 쓴맛을 더 민감하게 느낀다고 한다.

사실 쓴맛을 내는 성분은 이동이 불가능한 식물이 천적으로부터 자신을 지킬 수 있는 가장 크고 강력한 무기다. 커피의 카페인, 귤껍질 안쪽의 헤스페리딘, 콩의 사포닌, 메밀의 루틴, 상추의 락투신 등이 모두 천적에겐 치명적인 독성물질이다. 그리고 하나같이 쓴맛이 난다. 독성물질을 만드는 데 많은 에너지가 필요하겠지만 무사히 씨앗을 맺어 종족을 유지하기 위해선 별수 없다.

또 오이 특유의 향을 싫어할 수 있다. 알코올의 일종인 노나디엔올(nonadienol)이란 성분 때문이다. 신기하게도 오이를 좋아하는 사람은 바로 이 냄새를 상큼하고 시원하게, 싫어하는 이들은 고약한 냄새로 느낀다. 실제 내 친구 중 한 명은 물냉면 위에 얹은 오이가 육수에 잠기기 전에 심혈을 다해 골라내는데 오이에서 '썩은 물 냄새'가 나기 때문이란다.

여하튼, 나는 오이를 좋아한다. 지금 냉장고 채소 칸에 오이 아홉 개가 있지만 아마 3일도 못 가 사라질 것이다. 오이를 노리는 천적이 나 말고 또 있으니, 바로 술 먹고 난 뒤 우적우적 오이 한두 개 정도는 가볍게 먹어치우는 남편이다.

시장으로 산책 다닐 때마다 냉장고에 오이 채워놓기 바쁘다. 남편 몸에 '쓴맛 유전자'를 몰래 심어놓을 수도 없고, 그렇다고 오이를 심을 땅도 없고, 여름에 오이 먹는 즐거움도 포기할 수 없다. 아, 글도 다 썼으니 오이나 하나 씻어 먹어야겠다.

진짜 같은
가짜 고기가 있다

고기를 끊어야겠다는 생각을 고기를 먹을 때마다 한다. 자꾸 죄책감이 든다. 삼겹살이나 갈비를 먹을 땐 그나마 덜하다. 문제는 치킨이다. 나는 치킨을 정말, 무척, 매우, 아주 좋아한다. 그런데 한 입 거리도 안 되는 다리와 날개의 크기로 짐작컨대 이건 닭과 병아리의 중간에서 삶이 끝난 게 틀림없다. 고소한 치킨 냄새에 정신이 혼미해지다가도 어린 생명을 내한 끼 식사를 위해 소비해버렸다는 생각이 들면 갑자기 마음이 불편해진다.

4년 전, 식구나 다름없던 강아지가 꼬박 하루를 앓다가 눈앞에서 숨을 거두는 모습을 본 후부터 이런 증상이 생긴 것같다. 어차피 한 번 왔다 가는 허무하고 짧은 생인데, 행복까진 아니어도 최대한 생명다운 모습으로 살다가야 하지 않나 하는 생각이 들었다.

강제로 삶을 마감당한 닭은 전생에 무슨 죄를 지었기에 그토록 시작부터 끝까지 잔혹한 삶을 살다가는 걸까. 치킨이 먹고 싶을 때마다 메뉴가 적힌 전단지를 집었다 놨다 한참을 망설인다. 이미 중독에 가깝게 굳어진 입맛을 한 번에 바꿀 수도 없고 시켜 먹자니 이중인격자가 되는 것 같고. 참 큰일이다.

그런데 머지않아 이런 고민을 할 필요가 없어질 것 같다. 고기를 대신할 고기가 실험실에서 무럭무럭 자라고 있으니 말이다. 콩이나 쌀 추출물로 만든 콩고기, 채식주의자용 치즈 등 육류대체품이 이미 시장에 많이 나와 있지만 지금 실험실에서 만들어지고 있는 건 가짜가 아닌 '진짜 고기'다.

2013년, 전 세계의 눈이 스테이크를 먹는 두 사람에게 쏠렸다. 실험실에서 만든 최초의 인공소고기 패티를 맛보는 순간이다. 두 지원자는 고기맛이 나긴 하지만 퍽퍽하다고 평했다. 인공소고기는 암소 목덜미에서 떼어낸 근육조직에서 조혈세포를 채취해 만든다. 조혈세포는 37℃로 맞춰진 인큐베이터 안에서 영양이 풍부한 배양액을 먹고 자란다. 몇 주 안에 두께 1mm, 길이 2.5cm의 근육섬유가 되고 수만 개의 근육섬유를 압착하면 인공고기가 만들어진다. 인공고기가 퍽

퍽한 것은 지방이 섞이지 않았기 때문인데, 마찬가지로 세포 배양을 통해 만든 기름을 섞으면 해결된다.

지난해엔 인공닭고기도 세상에 나왔다. 미국 바이오기업 멤피스 미트(Memphis Meats)는 인공닭고기로 만든 닭튀김과 인공오리고기 시식회를 진행했다. 시식을 한 참가자들은 "일반 닭고기에 비해 푹신푹신하지만 맛은 거의 비슷하다. 다음에 또 먹을 것 같다"라고 말했다.

문제는 가격이다. 인공소고기로 된 작은 패티 조각을 만드는 데 들어가는 비용은 우리 돈으로 무려 3억원에 달한다. 인공닭고기는 450g에 1000만원으로 3~4년 사이 가격이 많이 떨어지긴 했다. 전문가들은 10년 후엔 진짜 고기보다 인공고기가 훨씬 저렴해져 누구든 인공고기를 먹을 수 있으리라 내다본다. 실험실이 비좁은 닭장을 대체할 날도 멀지 않았다.

고기로 고기를 만드는 것을 넘어 식물에서 추출한 단백질과 효소들을 조합해 새로운 식품을 만드는 연구도 진행 중이다. 한 번도 맛본 적 없는 다양한 고기들, 예를 들면 바나나맛 닭다리, 깻잎맛 삼겹살, 다람쥐 혓바닥 고기, 뱀 옆구리 살을 슈퍼마켓에서 만나게 될지도 모르겠다.

안타까운 것은, 인공고기 개발이 비윤리적이고 반생명적이며 환경오염을 일으키는 축산산업에 대한 성찰에서 비롯

된 것이 아니라는 점이다. 기업들의 관심은 오직 하나, 이윤이다. 이들은 날로 늘어가는 육류소비량을 지금과 같은 가축 사육 방식으로는 모두 감당할 수 없음을 간파했다.

성찰 없이 이윤만을 좇는 인공고기 사업이 또 어떤 새로운 문제를 인류에게 남길지 알 수 없는 일이다. 닭고기를 먹을 때 죄책감을 느낄 필요가 없다는 것만으로 만족할 문제는 아닌 것 같아 씁쓸하다.

장어 없는 장어덮밥,
바나나 없는 바나나 우유

일본에도 복날이 있다. 일본 사람들은 이날 장어요리를 먹는
다. 손질한 장어에 간장 양념을 발라 구운 '가바야키(かばや
き)'가 인기라고 한다. 구운 장어를 밥 위에 올린 장어덮밥도
빼놓을 수 없다.

그런데 몇 해 전 복날을 앞두고 일본 편의점에 '장어 없는
장어덮밥'이 등장했다. 치어를 구하기 어려워 장어가 금값이
되자, 장어 대신 장어 조림용 소스를 밥에 부어 도시락을 만
든 것이다. 값은 198엔, 우리 돈으로 2000원 정도다. 이 '장
어 소스맛' 덮밥은 간단하고 저렴하게 복날 기분을 즐기려는
사람들 손에 불티나게 팔려나갔다고 한다. 복날이라는 특별
한 상황에서 벌어진 일이긴 하지만 사실 이건 남의 나라 애

기가 아니다. 우리에게도 바나나 없는 바나나 우유, 딸기 없는 딸기 우유를 마시는 일이 일상이 되어버렸으니 말이다.

우리가 '맛'이라고 알고 있는 것의 대부분은 사실 '향'이다. 단맛, 신맛은 있어도 '딸기맛'이라는 건 세상에 존재하지 않는다. '딸기향'이 있을 뿐이고 이것을 편하게 딸기맛이라 부른다.

과일이나 채소는 열매가 무르익을 무렵 특별한 향을 내는 물질을 많이 만든다. 토마토는 씨앗이 익을 때 새큼한 휘발성 화합물을 30여 가지나 만드는데 모두 사람에게 꼭 필요한 필수영양소와 관련이 있다. 플로리다주립대학교의 한 연구결과를 보면, 토마토를 구성하는 수천 개의 화합물 중에서 향을 내는 몇몇 물질들은 우리에게 꼭 필요한 영양소인 반면, 필수가 아닌 수천 가지 화합물들은 토마토의 풍미와 전혀 상관이 없었다고 한다.

향을 내는 물질을 포함해 식물이 만들어내는 화학물질을 피토케미컬(phytochemical)이라 한다. 피토케미컬은 몸 안에서 항산화제 역할을 하고 세포 손상을 억제하는 등 우리에게 매우 유익한 물질이다.

식물들이 귀한 에너지로 피토케미컬을 만드는 이유는 경쟁 식물의 생장을 방해하거나, 미생물과 해충으로부터 스스로를 보호하기 위해서다. 당연히 햇빛과 비바람을 맞고 해충과 싸우며 자란 식물들이 피토케미컬을 많이 생산한다. 이것이 유기농산물이 건강에 좋은 이유다. 생장에 써야 할 에너지를 피토케미컬 만드는 데 사용하느라 크기가 작고 열매 모양은 볼품없을지 모르지만, 우리에게 필요한 성분은 가득 채우고 있다.

인간은 우리에게 필요한 영양성분을 가진 향들을 좋아하도록 진화해왔다. 그런데 이 향을 최근 몇십 년 사이에 인공향이 대체하고 있다. 가스 크로마토그래프(gas chromatograph)라는 기구로 향을 내는 성분의 구성물질(분자)을 알아낸 것을 시작으로, 지금은 향을 분해해 재구성하는 데까지 기술이 발전했다. 메틸안트라닐레이트에선 포도향이, 아세트산아밀에선 바나나향이, 카프론산알린에선 파인애플향이 난다는 것쯤은 식품업계 기초 상식이다.

밥 홈즈의 《맛의 과학》을 보면 조향사들이 온갖 화학물질로 향을 입체적으로 재구성하는 장면이 나온다. 뷰티르산에 틸로 생기 있는 과일향을 첨가하고 시스-3-헥세놀로 풋풋한 풀향을 더한 뒤, 퓨라네올로 딸기 솜사탕 같은 달달한 향을 추가한다. 시스-3-헥세놀과 퓨라네올이 각각 활성화하는 데 걸리는 시간차로 생긴 맛의 공백은 복숭아향이 나는 감마-데칼락톤으로 채우는 식이다. (지금까지 얘기한, 이 발음도 어려운 화학물질들은 한번 읽어보는 것만으로 충분하다.)

이 합성향들을 첨가한 식품은 상큼하고 달콤한 향으로 입 안에서 군침이 돌게 할 것이다. 과일향은 원래 비타민과 피 토케미컬이 있다는 신호지만, 합성향으로 우리를 유혹하는 먹거리에서 정말 필요한 영양성분을 찾기는 힘들다.

숯불향이 나는 화학물질로 양념한 질 낮은 불고기, 고기향 을 내는 조미료로 맛을 낸 미역국, 게향이 들어간 게맛살튀 김이 우리 식탁과 아이들 식판에 오른다. 누룽지향을 첨가한 사탕과 메론향 아이스크림은 흔한 간식이다. 부족한 영양은 과식을 부르고 과식은 중독으로 이어지기 쉽다. 값싼 향으로 범벅된 음식을 좇는 사이 우리에게 필요한 향을 찾는 능력은 점점 힘을 잃어가고 있다.

지금 우리가 먹고 마시고 즐기고 있는 것의 실체를 '장어 없는 장어덮밥'이 여실히 보여주는 것 같다.

밤마다 보는 별 가운데
지금은 폭발하고 없는 별도 많다고 한다.
우리는 별의 과거가 보낸 빛을 보고 있다.
빛보다 빠른 속도로 이동할 수 있는 뭔가가 있다면
그것이 바로 미래로 가는 타임머신이 될 것이다.
빛보다 조금, 아주 조금만 빨리 움직이면 된다.
타임머신 그까이꺼, 별거 아니다.

Part 2

나만 모르는
내 몸 이야기

두툼한 뱃살은
원시인에게 물려받았다

지난 10년을 통틀어 요즘 몸무게가 가장 많이 나간다. 가뜩이나 가릴 것 없는 먹성이 40대 들어 갑자기 더 좋아져 눈만 뜨면 먹을 걸 찾아 두리번거린다. 덕분에 작년 이맘때보다 3kg이나 늘었다.

작고 말랐던 몸집에 이만큼 살이 쪘으면 티 나지 않을 리 없건만, 나를 만나는 사람들은 여전히 "살 좀 쪄라"라거나 심지어 "점점 더 마르는 것 같다"라는 이야기를 한다. 상대의 외모를 이토록 쉽게 지적하고 조언까지 덧붙이는 오지랖에 대한 불편함은 잠시 뒤로하고, 내가 말하고 싶은 건 따로 있다.

내 살은 왜 하필 배쪽에만 우선 배치되느냐는 것이다. 늘어난 3kg이 새로 생긴 뼈나 내장일 리는 없고 대부분 지방과 약간의 근육일 텐데, 이 중 500g 정도만이라도 양쪽 볼에 붙었다면 사람들은 내 몸무게가 늘었다는 걸 금방 알 수 있었을 것이다. 하지만 볼은 홀쭉하고 배만 무럭무럭 자라고 있다. 왜 이러는 걸까. 흔한 말로, 나이 때문일까?

물론 나이도 영향이 있다. 나도 20대엔 볼이 꽤 통통했다. 내 몸에서 아직 성장호르몬이 웬만큼 분비되던 때였다. 성장호르몬은 지방을 팔다리에 고루 퍼지게 하는 역할을 한다. 그런데 이 성장호르몬은 20대부터 서서히 분비량이 감소하기 시작해 60대가 되면 20대의 절반 수준으로 뚝 떨어진다. 나이가 들수록 뱃살이 느는 이유다. 하지만 아직 '왜 하필 배인가' 하는 의문은 풀리지 않았다.

배에 지방이 몰리는 이유는 진화와 관련이 있다. 내 몸 안에 빙하기에 적응하도록 진화한 인류의 유전자가 들어 있기 때문이다. 초기 인류는 아프리카에서 살았다. 동물의 세계에서 보자면 인류는 크기가 어중간하고 사냥에 유리한 뾰족한 이빨이나 날카로운 발톱이 없다. 상대를 제압하거나 폭발적인 힘을 낼 만한 근육과 순발력도 부족하다. 아무리 봐도 신체적으론 영 무능한 편이다.

이런 나약한 인류가 빠르게 도망가는 동물을 잡기 위해 할 수 있는 건 단 한 가지. 그 동물이 완전히 지쳐 쓰러질 때까지 몇 날 며칠이고 뒤꽁무니를 쫓아다니는 것이다. 그래야만 먹고 살 수 있었다.

　그런데 더운 지역에서 이렇게 오래 달렸다간 탈진해 죽기 십상이다. 몸이 털로 덮여 있다면 온종일 뛰고 또 뛰는 동안 심하게 올라간 체온을 식힐 방법이 없다. 결국 인류는 몸의 털을 없앴다. 그리고 땀샘을 늘렸다. 몸에서 나온 땀 1g이 수증기로 증발하려면 25℃ 기준으로 583cal의 열량이 필요하다. 내가 흘린 1g의 땀이 몸 안에 있는 583cal만큼의 열을 안고 공중으로 사라진다는 뜻이다. 그래서 땀을 흘리는 것은 체온을 내리는 가장 빠르고 확실한 방법이다.

　이뿐만이 아니다. 인류는 팔다리를 길게 만들어 땀샘이 들어설 수 있는 표면적을 최대한으로 넓혔다. 그 결과 물만 충분히 마실 수 있다면 어지간히 더운 곳에서도 적응해 살아갈 수 있게 되었다.

　또 다른 특징도 있다. 인류는 식량이 부족할 때를 대비해 몸 안에 지방을 비축해둔다. 지방은 열이 바깥으로 발산되는 것을 막고 몸 안에 열을 가둔다. 만일 지방층이 내장이나 근육을 덮는다면 더위를 쉽게 떨치기 어렵고 여러 가지 문제를 일으킬 수 있다. 우리 조상들은 체온 조절에 그리 영향을 주지 않는 장소를 지방 저장소로 선택했으니, 바로 엉덩이 쪽이다.

　그런데 아프리카에 살던 인류 중 일부가 새로운 땅을 찾아 북쪽으로 이주하면서 문제가 생겼다. 적도지방에는 없는 뚜

왜 배부터
나오는 거지?

렷한 사계절을 맞닥뜨리게 된 것이다. 게다가 빙하기까지 지
구를 덮쳤다. 더위에 적응해온 인류가 이번엔 추위를 견뎌야
했다. 길었던 팔다리는 짧아졌고 대신 상체가 커졌다. 땀을
잘 내보내지 않게 되었고 땀샘의 수도 줄었다. 특히 북쪽으
로 온 인류에게 가장 심각한 문제는 혹독한 추위에 내장기관
의 온도가 떨어져 몸에 이상이 오거나, 목숨을 잃을 위험에 처
하는 것이었다. 엉덩이 부근에 쌓아두었던 지방을 필사적으로
배로 옮겨 추위로부터 내장기관을 보호해야 했다. 이 방법의
효과는 탁월했고, 배에 지방을 쌓아두는 유전자를 가진 이들
이 마지막까지 살아남을 수 있었다. 나를 비롯해 사계절이 뚜
렷한 지역에 사는 이들이 살이 찔 때 배부터 나오는 이유는 추

위에 적응해온 인류의 유전자 때문인 것이다.

내 몸속 유전자가 제 역할을 충실히 해낸 덕분에 뱃살이 말도 못하게 늘었다. 요즘은 내복을 입을 수 있고 두툼한 점퍼도 많으니 내장 보호에 그리 전념하지 않아도 된다고 유전자에게 말을 해줄 수 있으면 좋으련만. 하긴, 지금처럼 온난화가 심화되고 식량이 넘쳐나 비만 인구가 많아진다면, 굳이 몸속에 양분을 저장할 필요가 없어질지 모른다. 아마 먼 미래 인류의 체형은 지금보다 훨씬 마르고 팔다리는 더욱 길어질 것이다.

하지만 나는 겨울만 되면 기온이 영하 10℃ 아래로 내려가는 사계절이 뚜렷한 동북아시아에서 살고 있다. 40대 들어 뱃살이 무럭무럭 자라는 이 상황이 당황스럽지만 건강을 해칠 정도로 심각하지는 않으리라 믿으며, 당분간 맛있는 것을 먹는 여유를 누리고 싶다. 허리가 편안한 옷을 사둬야겠다.

코로 먹는다,
입은 그저 거들 뿐

또 코가 막혔다. 추운 날 얇게 입고 밖에서 배드민턴을 친 탓이다. 건강한 몸을 만들겠다는 새해 다짐을 실천하려던 것이 그만 무리를 했나 보다. 그나마 몸살까진 아니어서 앓아눕지 않은 게 다행이다. 입맛이 없어 밥도 먹지 않았다. 잘 먹어야 아픈 게 낫는다는 말은 적어도 감기나 몸살의 경우엔 적용되지 않는다.

한 연구에 의하면, 3일 이상 금식*을 하면 손상된 면역체계가 되살아나 백혈구 생산을 촉진한다고 한다. 외부 세균과 각종 바이러스에 더 강력하게 대항할 수 있게 되는 것이다.

---

* 하루 200kcal를 넘지 않는 음식물을 섭취하는 것.

아플 때 입맛이 없는 것은 몸이 스스로를 살리는 방편이다. 그러니 먹기 싫을 땐 억지로 먹지 말고 그냥 굶어도 괜찮다.

아쉽게도 나의 단식은 하루를 넘기지 못했다. 열이 조금 가라앉는가 싶더니 곧바로 식욕이 돌아 뜨거운 국물이 마시고 싶어졌다. 미역을 불리고 소고기를 볶아 국을 끓였다. 간을 보려고 국물을 떠 먹었는데, 이럴 수가. 슬프게도 아무 맛도 느껴지지 않았다.

'코가 막히면 왜 맛이 안 날까?' 사실 이 문장은 틀렸다. 정확하게 말하면 맛은 느낄 수 있다. 맛은 혀의 미뢰가 감지해 뇌로 보내기 때문에 코 막힘과 맛을 느끼는 것 사이엔 아무런 연관이 없다. 여전히 의심을 거둘 수 없다면 코를 막고 설탕과 소금을 번갈아 입에 넣어보면 금방 알 수 있다. 다만 향을 맡을 수 없을 뿐이다. 우리가 '맛'이라 생각하는 것의 대부분이 사실은 '향'인 것이다.

지금까지 밝혀낸 맛의 종류는 단맛, 쓴맛, 짠맛, 신맛, 감칠맛, 이렇게 다섯 가지다. 그에 비해 향은 1만 가지가 넘는다고 알려져 있다. 그런데 이 숫자에는 사실 명확한 근거가 없다. 아직 냄새 수용체를 다 밝히지 못했을 뿐 아니라, 냄새는 다양한 분자의 조합인 경우가 많아 일부 과학자들은 냄새의 종류가 2조 개를 넘어선다고 보기도 한다. 우리가 '소고기맛'이라고 알고 있는 것은 사실 향이며, 동식물의 이름을 붙일

수 있는 '맛'이라는 건 세상에 없다. 오직 향이 있을 뿐이다.

　콧속 윗부분(후각상피)에는 600만 개의 후각세포가 있다. 후각세포는 콧구멍으로 공기가 드나들 때 냄새 분자를 붙잡아 뇌에 전달한다. 혹시 음식을 먹기 전 냄새와 먹을 때 느껴지는 향이 다르다고 느낀 적이 있는지 모르겠다. 내 경우엔 마른오징어가 그렇다. 먹기 전 냄새는 그리 좋다고 말할 수 없지만 막상 입에 넣고 씹으면 비릿하면서도 구수한 향이 난다.

　치즈도 그렇다. 먹어보진 않았지만 '지옥의 냄새 천국의 맛'을 가졌다는 과일 두리안도 이와 비슷하지 않을까. 먹기 전과 후의 향에 차이가 나는 이유는 음식을 먹을 때만 작동하는 코 뒤쪽의 후비강성 후각 때문이다. 전비강성 후각은 외부의 냄새를, 후비강성 후각은 음식을 먹고 마실 때 입안에서 올라온 비강 뒤쪽에서 나는 냄새를 맡는다.

감기에 걸리면 콧물이 후각상피를 덮거나 후각신경의 일부가 염증을 일으켜 냄새 맡는 기능이 약해지기도 한다. 코를 푸느라 이미 휴지 한 통을 다 썼으니 아마 나는 전자 쪽이겠지. 향은 못 느껴 아쉽긴 해도, 짭짤한 맛과 소고기의 감칠맛 덕분에 미역국 한 그릇을 비울 수 있었다.

만일 반대로 냄새는 맡을 수 있지만, 맛을 느낄 수 없다면 어떨까? 미역과 소고기 냄새가 나는 밍밍하고 미끈거리는 비닐 조각이나 질긴 고무를 씹는 느낌일지 모른다. 비닐을 삼킨다는 건, 정말이지 고역일 것 같다. 감기가 후각 대신 미각을 빼앗지 않아 천만다행이다.

달면 삼키고
쓰면 뱉는다

나는 이 글을 읽는 당신이 어떤 맛을 좋아하는지 맞힐 수 있다. 스토커냐고? 물론 그건 아니다. 인간이 느낄 수 있는 맛의 종류는 다섯 가지밖에 되지 않는다. 그냥 찍어도 맞힐 확률이 20%나 된다. 물론 높은 확률은 아니지만 그래도 상관없다. 다른 맛들은 맛의 농도가 일정 수준을 넘어서면 쾌감이 불쾌감으로 바뀌지만 유일하게 농도와 관계없이 즐거움을 주는 맛이 있다. 바로 단맛이다. 그러니 나는 자신 있게 말할 수 있다. "당신은 단맛을 좋아한다"라고.

물론 고개를 갸우뚱하는 이가 있을 것이다. 나도 초콜릿 과자나 케이크는 그다지 즐기지 않는다. 그런데 귤이나 사과를 입에 넣었을 때 '맛없다'라고 느끼는 경우, 십중팔구 달지 않은 것이다. 음식에 따라 좋고 싫음은 있을 수 있지만, 인간이 단맛 자체를 싫어하기란 쉽지 않다.

'달면 삼키고 쓰면 뱉는다.' 이 짧은 문장 속에는 인류의 가장 오래된 생존전략이 담겨 있다. 500만 년 전 아프리카 초원에 유인원과 인류의 중간 형태인 오스트랄로피테쿠스가 출현했다. 이때부터 농경을 시작한 1만 년 전까지 우리 조상들은 나무 열매나 식물 줄기, 뿌리, 짐승의 사체, 물고기 등 야생에서 먹을 것을 구해야 했다. 짐승을 잡으려면 많은 노동과 위험이 따랐다. 이에 비해 식물은 인류를 공격하지도 도망가지도 않았다. 그냥 손으로 거두기만 하면 되었다.

게다가 식물은 인간이 생명을 유지하는 데 꼭 필요한 당분과 탄수화물을 많이 가지고 있다. 몸이 필요한 에너지를 만들기 위해선 ATP(adenosine triphosphate)라는 물질이 필요한데, 당분과 탄수화물의 가장 작은 단위인 포도당을 이산화탄소와 물로 분해할 때 ATP가 생성된다. ATP는 모든 생물의 세포 안에 존재하며, ATP가 다시 분해되면서 방출되는 에너지는 생명을 이어가는 데 사용된다. 그러니 포도당을 얻는 것은 생명을 이어가는 일과 다르지 않다. 따라서 생명유지를 위해 인간은 당분의 맛, 즉 단맛을 좋아할 수밖에 없는 것이다.

하지만 식물이라고 해서 모두 안전한 것은 아니다. 어떤 식물은 열매를 포식자가 좋아하는 색깔과 맛으로 채우고 그

속에 씨앗을 숨긴다. 씨앗을 널리 퍼트리기 위해서다. 그런데 또 다른 식물은 포식자에게 먹히지 않기 위해 독을 만든다. 인류 최초의 조상들은 독이 있는 식물과 그렇지 않은 것을 구별하는 법을 알지 못했다. 고통을 주거나 심지어 목숨을 빼앗는 식물들은 저마다 생긴 것이 천차만별이어서 눈으로 알아보기도 어려웠다. 방법은 하나, 먹어보는 것뿐이었다.

다행히 위험한 식물에겐 공통으로 느껴지는 맛이 있었다. 그것은 독의 맛, 쓴맛이었다. 인류의 조상들은 생존을 위해 필사적으로 그 맛을 기억해야 했다. 쓴맛에 불쾌감을 느끼는 것은 이 때문이다.

인간만이 아니라 동물들도 대부분 쓴맛을 거부한다. 최낙언의《맛의 원리》를 보면, 피망을 먹는 유일한 동물이 바로 사람인데, 초식동물인 소, 말, 염소도 쓴맛 때문에 피망을 싫어한다고 한다. 그런데 신기한 일이 일어났다. 커피와 술은 쓴맛을 기본으로 하는 음료다. 게다가 기호식품이다. 꼭 먹어야 할 필요가 없는 데도, 오로지 즐기기 위해 먹는다는 이야기인데 어떻게 된 일일까?

커피와 술의 쓴맛이 독이 아님을 뇌가 학습하고 기억했기에 가능하다. 경험을 통해 쓴맛에 대한 거부감을 극복한 경우다. 쓴바귀나 상추, 쑥 등 쓴맛이 나는 나물이나 채소를 즐기는 것과도 비슷하다. 하지만 쓴맛이 강한 나물은 술이나 커피만큼 즐기는 사람이 많지 않다. 그 이유는 나물에는 뇌가 좋아하는 특별한 성분이 없기 때문이다.

커피에는 카페인, 술에는 알코올이라는 독특한 성분이 있다. 카페인은 뇌를 흥분시키고, 알코올은 뇌를 진정시킨다. 흥분과 진정은 시소 타기처럼 늘 균형이 필요하다. 카페인과 알코올처럼 외부 물질이 다량 들어오면 균형이 깨지고 심하면 뇌 기능이 약화될 수 있다. 단맛과 쓴맛의 역할을 기억하면서 적당히 즐기는 게 좋지 않을까.

불닭과 롤러코스터의
공통점

감기가 오려는지 목이 간질간질했다. 목을 시원하게 해줄 뭔가가 필요해 허브 사탕 한 통을 사왔다. 사탕을 녹여 먹고 있자니 텁텁했던 목과 입안이 시원해져 기분도 좋아졌다. 허브 사탕을 손으로 만져봐도 다른 사탕에 비해 더 차가운 느낌은 들지 않는다. 그런데도 분명 입안은 시원하고 말끔해지는 느낌이 든다. 허브 사탕에 들어 있는 '멘톨(menthol)' 성분 때문이다.

멘톨은 페퍼민트나 박하의 잎과 줄기에서 추출한 물질로 특유의 청량감이 있어 음식이나 화장품, 의약품 등에 많이 쓰인다. 이런 멘톨에는 한 가지 특이한 성질이 있다. 바로 우리 몸의 냉점을 자극한다는 것이다.

피부와 점막에는 온도를 감지하는 온점과 냉점, 누르는 힘을 느끼는 촉점(압점), 고통을 느끼는 통점 이렇게 네 가지 감각점이 분포해 있다. 이 중 온점과 냉점은 온도 범위에 따라 자극을 받아들이는 수용체가 다르다. 특이하게도 멘톨은 25℃ 이하의 차가움을 감지하는 'TRPM8'이라는 온도 수용체를 자극해 대뇌에 시원함을 전달한다.

멘톨이 들어 있는 치약으로 양치질을 하거나 로션을 바른다고 해서 우리 몸이 실제로 차가워지는 것이 아님에도 뇌가 그렇게 느끼는 것이다. 멘톨 사탕의 청량감은 맛이나 향이 아니라 피부의 감각이다.

매운맛을 느끼는 것도 이와 같은 원리다. 이제는 매운맛이 혀의 미뢰로 감지하는 맛이 아니라 혀의 통점을 자극하는 통각이란 것을 많은 이들이 알고 있는 것 같다. 고추의 캡사이신이나 후추의 피페린, 생강의 진저롤, 마늘의 알리신은 모두 매운맛을 내는 물질이다. 이들은 42℃ 이상의 온도를 느끼는 통각수용체인 'TRPV1'의 문을 두드려 활성화시킨다.

콕 짚어 42℃ 이상의 온도에 통각수용체가 반응하는 이유가 있다. 이 온도가 세포에 물리적 손상을 일으킬 수 있는, 위험한 온도이기 때문이다. TRPV1은 화상 센서 역할을 하며 뜨거운 온도로부터 우리 몸을 보호한다. 그래서 매운 것이 혀나 피부에 닿으면 뇌는 우리 몸이 '타고 있다'라고 느낀다. 매운 성분의 농도가 진할수록 통증도 심해진다. 땀이 많이 나고 심장도 빨리 뛴다. 모두 뇌의 착각 때문에 벌어지는 현상이다.

하지만 이 착각 때문에 우리는 매운맛에 중독되기도 한다. 캡사이신이 혀에 닿으면 뇌가 통증을 줄이기 위해 천연진통제인 엔도르핀(endorphin)을 방출하는데, 이때 통증 완화와 함께 가벼운 황홀경을 경험하게 된다. 매운 걸 먹으면서 스트레스를 푼다는 말도 아주 틀린 말은 아니다.

그런데 매운맛 식물은 있어도 매운맛 동물은 없다. 유독 식물들만 매운 성분을 지니게 된 이유는 뭘까. 이는 포유류와 균류로부터 스스로를 지키기 위해서다. 매운맛을 내는 물질들은 씨앗의 균을 죽이는 항균 작용을 한다. 어떤 물질을 만들려면 많은 열량과 노동이 필요하다. 열매가 좀 덜 맺히거나 생장이 더뎌질 수도 있다. 그렇더라도 어떤 식물에겐 매운 물질을 만드는 것이 번식과 생존에 훨씬 유리하다.

육상 포유류는 대부분 TRPV1 통각수용체를 가지고 있어 매운 고추를 먹지 못한다. 오직 인간만이 고추를 먹는다. 조류인 새들도 고추를 맘껏 먹을 수 있다. 다만 새들에게도 TRPV1이 있어 열을 감지할 수 있지만, 사람이나 포유동물과는 구조가 달라 캡사이신이 이 수용체에 달라붙지 않는다. 그래서 새는 고추의 과육을 먹고 씨앗을 온전히 바깥으로 내

보냄으로써 씨앗을 퍼트리는 데 혁혁한 공을 세운다.

매운맛 성분 가운데 캡사이신과 피페린, 진저롤은 물에 녹지 않는 불용성 물질이다. 그래서 불닭처럼 매운맛이 강한 음식을 먹고 괴로울 때 물을 마시는 것은 그리 도움이 되지 않는다. 뜨거운 물이 찬물보다 낫다는 통설도 잘못된 것이다. 뜨거운 물은 통증을 배가시킬 뿐이다. 이럴 땐 우유를 마시면 좋다. 우유의 지방산이 혀에 눌러앉은 캡사이신을 흡수해 내려보내기 때문이다.

어떤 과학자들은 우리가 강한 매운맛을 좋아하는 이유를 놀이공원의 무서운 놀이기구를 타는 것과 비교하기도 한다.

롤러코스터는 높이 올라갔다가 곤두박질치고 다시 하늘을 향해 달리는 곡예운전을 한다. 그런데 만일 놀이공원이 아닌 실제 기차나 자동차에서 이런 상황을 마주한다면 어떨까. 충격과 두려움에 손발이 덜덜 떨리고, 우리는 제정신을 차리기도 힘들어할 것이다. 그럼에도 나를 비롯해 많은 사람들은 굳이 이 기절초풍할 상황을 몸소 체험하기 위해 돈을 내고 긴 줄을 서서 롤러코스터를 타고야 만다. 이 역시 쾌락 호르몬 때문이다.

위험한 상황임을 인지한 뇌는 쾌감을 주는 호르몬을 분비해 극단의 고통을 느끼지 못하도록 만든다. 그런데 실제로는 위험한 일이 벌어지지 않았다. 롤러코스터가 정지한 뒤, 뇌는 착각했다는 안도감 속에 호르몬이 주는 심리적 쾌감을 맘껏 즐긴다.

혀에 불이 난 줄 알고 뇌에 빨간 불이 켜졌다가 이 또한 착각이었음을 인지하는 순간, 고통은 황홀한 즐거움으로 기억된다. 우리가 매운맛의 고통을 거부할 수 없는 이유다.

마라토너들은 아는
탄수화물의 힘

한때 나는 '교양의 여왕'이었다. 예의가 바르거나 상식이 풍부해서가 아니다. 대학 시절 선택한 학과가 적성에 맞지 않아 전공 필수를 제외하곤 대부분의 학점을 '교양' 과목으로 채운 걸 두고서 과 친구들이 붙여준 별명이다.

문학, 지구과학, 아동심리, 일본문화, 호신술, 에어로빅, 등 종류도 다양한 이 과목들은 내게 앎의 즐거움을 주었을 뿐만 아니라 전공으로 무너진 학점을 일으켜 세우는 데에도 혁혁한 공을 세웠다. 그중에서 한 수업이 기억난다. 생활체육 과목이었다. 교수님은 마라톤과 식이요법에 대해 설명했다. 마라톤은 끈기 있게 끝까지 오래 달리면 되는 줄 알았는데, 무작정 뛰기만 해서는 중도에 포기하기 십상이라고 했다. 오호!

마라톤 완주는 평소 체력이 강하다고 해서 할 수 있는 게 아니다. 달리는 도중 몸속에 저장된 에너지원이 바닥나기 때문이다. 그래서 마라토너들은 대회 일주일 전부터 식이요법과 운동을 병행한다. 식이요법이란 바로 에너지원인 몸속 글리코겐(glycogen) 저장량을 최대로 만드는 것이다.

인류는 몸속에 가능한 한 많은 에너지를 저장하도록 진화했다. 음식으로 섭취한 탄수화물은 거의 대부분 포도당으로 분해돼 에너지원으로 사용된다. 그리고 남은 것은 간과 근육에 비축된다. 이때 단당류인 포도당을 고분자 형태로 압축하는 과정을 거치는데, 이렇게 압축한 '저장형 포도당'을 글리코겐이라 부른다. 보통 간에는 100g, 근육에는 200g의 글리코겐이 있다. 이는 음식을 전혀 먹지 않고 하루 정도 버틸 수 있는 아주 적은 양이다.

마라토너가 뛰기 시작하면 우리 몸속의 글리코겐이 소모되기 시작한다. 그런데 42.195km를 달리기에는 턱없이 부족하다. 30~35km 지점 전후로 글리코겐이 모두 고갈돼 마라토너들은 극한의 에너지 부족 사태에 부딪힌다. 이때부턴 체내 지방이 이를 대신한다.

하지만 지방을 분해하려면 글리코겐보다 더 많은 산소가 필요하다. 근육을 움직이는 데 사용할 산소도 부족해 숨을 헐떡이는 와중에 지방 분해에도 산소를 할당해야 하다니. 운

동 능력이 급격히 떨어질 수밖에 없다. 근육의 피로감은 말로 다 못한다. 그래서 한번 시작한 운동을 언제까지, 어떤 속도와 힘으로 유지하느냐는 몸속 글리코겐 저장량이 좌우한다고 봐도 과언이 아니다.

따라서 경기 직전 글리코겐 저장량을 최대로 끌어올리는 것이 관건이다. 저장량을 높이는 방법은 역설적이게도, 직전 저장량을 0에 가깝게 만들어놓는 것이다. 이 때문에 마라토너들은 길게는 대회 한 달 전부터 식단을 조절하기 시작한다. 초기엔 평소처럼 식사하면서 칼슘과 철이 든 음식을 많이 섭취한다. 마라톤 도중 빈혈이 오는 걸 막기 위해서다. 2~3주 전엔 식사량을 80% 선으로 줄이고 채소와 과일양을 늘린다.

3~4일 전부터 본격적인 식이요법에 돌입한다. 몸속 글리코겐을 완전히 소모하고 새로 채우는 '카보 로딩(carbo loading)'을 해야 할 시기다. 이를 위해 식사 중 탄수화물을 최대한 줄이고 대신 단백질을 섭취해 체내 단백질 양을 늘린다. 이 상태에서 훈련을 하면 탄수화물이 부족해진 몸에 빨간불이 들어온다. 어쩔 수 없이 저장된 글리코겐을 꺼내 사용한다.

글리코겐이 바닥날 즈음, 이제부턴 운동은 거의 하지 않고 대신 밥과 빵, 면 등 탄수화물을 왕창 먹는다. 이렇게 나머지 3~4일을 보내면 대회 직전 글리코겐 저장량은 평소의 두 배 가까이 껑충 뛴다. 이론상 완벽에 가까운 이 방법으로 1980년대 마라톤 기록이 크게 단축됐다. 하지만 선수들에게 몸이 무거운 느낌과 우울감을 줘 자신감을 떨어뜨리는 단점도 있었다.

반대로 100m 단거리 선수들에겐 경기 전 특별한 식이요법이 필요치 않다. 어차피 달리는 동안 숨을 쉬지 않기 때문에 저장된 에너지를 분해해 사용하지 않는다. 대신 짧은 시간에 폭발적인 힘을 내기 위해 근육을 키우고, 체중이 늘어나지 않도록 주의해야 한다. 몸이 무거워지면 빠르게 달릴 수 없다. 그래서 단거리 선수들은 마라톤 선수와 반대로 경기 전 식단에서 탄수화물 양을 줄인다.

이 글을 쓰느라 예전 공책을 오랜만에 펼쳐보았다. '마라톤에 이런 과학이 숨어 있다니!' 하며 놀라워하던 그때의 흥분이 떠오른다. 그 순간 나는 깨달았다. 아는 만큼 삶이 달라질 수 있다는 것을. 그리고 내가 모르는 것이 너무나 많다는 것을.

봄가을은 마라톤대회 성수기다. 해마다 전국에서 열리는 마라톤대회가 400여 개, 참여 인구만 해도 10만 명에 달한다고 한다. 혹여, 이 글을 읽는 독자 가운데 다가오는 계절 마라톤대회에 도전할 계획이라면, 이 방법을 한번 시도해보시길 조심스레 권한다. 아, 물론 직접 달리며 체험해볼 수도 있지만 러닝화와 운동복이 없다는 핑계를 대본다. 절대 뛰기 싫거나 게을러서가 아니다.

소리는 귀로만
들을 수 있는 게 아니다

2012년 런던올림픽 개막식 무대에 천 명의 드러머가 등장했다. 그중 맨 앞에서 긴 머리를 휘날리며 신들린 듯 드럼을 연주하는 이가 있었다. 그의 드럼 반주에 맞춰 수천 명의 공연자들이 산업혁명 시기를 재현하는 퍼포먼스를 펼쳤다. 그는 세계적인 타악기 연주자 에벌린 글레니(Evelyn Glennie)다. 그가 드럼이나 마림바 등 타악기를 두드릴 때면 그 소리와 리듬이 어찌나 섬세하고 정확한지 온 신경을 집중해 듣게 된다.

그는 빼어난 연주 실력으로 유명하지만 사실 그에겐 독특한 이력이 있다. 1965년생인 그는 소리를 듣지 못하는 청각 장애인이다. 여덟 살에 청각 장애를 앓기 시작해 열두 살에 청각을 완전히 잃었다. 그럼에도 오케스트라와 완벽한 협연

을 이루는 최고의 연주자다. 그는 2016년 우리나라를 방문해 KBS교향악단과 함께 무대에 올라 까다롭기로 손꼽히는 조지프 슈반트너(Joseph Schwantner)의 〈타악기 협주곡〉을 연주했다.

보청기 같은 보조기구를 이용한 것도 아니고 지휘자나 다른 누군가가 그가 알아볼 수 있도록 특별한 신호를 보내준 것도 아니었다. 그는 오로지 악기 연주에만 집중할 뿐이었다. 듣지 못하는 이가 다른 이들과 호흡을 맞춰야 하는 협연을 어떻게 할 수 있을까. 정말 가능한 일일까.

그는 귀가 아닌 발과 손끝, 뺨, 팔 등 온몸으로 소리를 듣는다. 소리는 공기를 타고 이동하는 하나의 움직임, 파동이기 때문에 가능하다. 음파가 공기를 타고 귀로 들어오면 고막에 부딪혀 진동을 만들고 스피커 역할을 하는 청소골을 지나며 증폭된다. 그리고 증폭된 소리를 달팽이관의 청세포가 감지해 청신경을 통해 뇌로 전달한다.

파동은 진동이 주위로 멀리 퍼져나가는 것을 말한다. 그런데 진동이 퍼져나가려면 이동수단, 즉 매질이 필요하다. 보통 공기가 매질 역할을 하고, 물 같은 액체나 사물도 매질이 될 수 있다. 영화 〈스타워즈〉를 보면 우주선이 지나갈 때 휘익 하는 소리가 나는데 실제론 불가능한 일이다. 우주 공간엔 공기가 없으니 소리가 전달될 리 없기 때문이다. 에벌린 글레니의 경우 자신의 몸이 매질이 된다. 그는 다른 악기 소리를 좀 더 예민하게 느끼기 위해 무대에서 신발을 신지 않는다.

청력이 좋은 사람이라 해도 모든 파동을 다 들을 수 있는 건 아니다. 사람의 귀는 진동수* 20~2만 Hz(헤르츠) 영역에 드는 음파만을 들을 수 있다. 소리는 진동수와 진폭**에 따라 높고 낮은 소리, 크고 작은 소리로 나뉜다. 같은 시간에 얼마나 많은 진동이 있었느냐(진동수)에 따라 소리의 높낮이가 결정된다. 성악가 중 소프라노는 높은 진동수를, 알토는 낮

---

* 진동운동에서 물체가 왕복운동을 할 때 단위시간당 반복운동이 일어나는 횟수. 즉, 1초 동안 진동한 횟수.
** 주기적인 진동이 있을 때 진동의 중심에서 최대한 움직인 거리. 즉, 파동의 높이.

은 진동수의 음을 낸다.

소리의 크기는 파동의 높이(진폭)가 결정한다. 진폭이 크면 소리가 크고 진폭이 줄어들면 소리가 작아진다. 100Hz 이하의 낮은 소리는 귀보다 몸으로 더 잘 느껴진다. 쿵쿵 가슴을 울리는 기타의 베이스나 드럼의 낮은 소리가 좋은 예다. 어쩌면 에벌린 글레니는 귀로 듣는 사람보다 훨씬 넓은 영역의 소리를 온몸으로 감지하는지도 모른다.

에블린 글레니처럼 소리를 '느끼는' 동물들이 있다. 귀뚜라미는 앞다리로, 모기는 몸에 나 있는 섬모로 소리를 듣는다. 뱀 역시 온몸으로 진동을 감지하고 혀로는 소리의 방향과 거리감을 알아낸다. 사람이 들을 수 없는 소리를 들을 수 있는 동물도 많다. 박쥐와 돌고래, 매미와 나방은 그들만이 들을 수 있는 소리가 있고, 이처럼 사람이 들을 수 있는 영역을 넘어선 소리를 초음파라 부른다.

에블린 글레니에게 처음으로 음악을 가르친 교사는 첫 수업시간에 그에게 드럼스틱을 건네는 대신 온몸으로 드럼의 진동을 느껴보도록 했다고 한다. 손끝과 팔꿈치로 드럼의 진동을 느껴보고, 바깥 부분을 두드려보고, 다양한 물건으로 드럼을 쳐보면서 점점 몸으로 소리를 느끼는 방법을 연습했다.

"어떻게 듣지도 못하면서 악기를 치나요?"

사람들의 질문에 그는 답한다.

"제 몸은 소리에 공명하는 방이에요. 제겐 몸 전체가 거대한 귀입니다. 소리는 귀로만 들을 수 있는 게 아닙니다."

근시와 원시,
왜 다르게 보이는 걸까?

밤마다 쫓고 쫓기는 스릴러 영화를 찍는 것 같다. 도망가는 것은 모기, 쫓는 것은 나다. 집 근처에 산이 있어 시원한 바람이 부는 것은 좋은데 밤만 되면 죽기 살기로 달려드는 모기 때문에 아주 괴롭다.

사실 나는 모기를 잘 잡지 못한다. 나름 운동신경도 좋고 순발력도 있다고 생각하지만 모기 앞에선 늘 약이 오른다. 눈앞에서 흔들흔들 춤추듯 도망가는 모기가 도대체 어느 위치에 있는 건지 순간적으로 분간이 잘 안 되기 때문이다. 아마도 양쪽 눈의 시력 차가 많이 나는 '짝눈' 탓이 클 것이다.

내 왼쪽 눈 시력은 1.0으로 좋은 편이다. 반면, 오른쪽 눈은 0.2밖에 되지 않는다. 시력 차가 크다보니 양쪽 눈이 각각

보는 대상이 다르다. 멀리 있는 것은 시력이 좋은 왼쪽 눈으로, 가까이 있는 것은 오른쪽 눈으로 본다. 내 의사와 상관없이 자동으로 그렇게 된다. 눈의 움직임은 심장박동이나 소장과 대장의 운동처럼 자율신경계가 맡아 조절하는 것이니 내 의지가 통할 리 없다. 내 두 눈에서 대체 무슨 일이 일어나기에 이렇게 서로 보는 게 달라진 걸까.

가까운 것만 잘 보이는 것을 근시, 반대로 먼 것만 잘 보이는 것을 원시라고 한다. 둘 다 초점이 맞지 않은 카메라와 같다. 우리 눈에는 볼록렌즈 역할을 하는 수정체가 하나씩 들어 있는데 말하자면 돋보기다. 돋보기로 햇빛을 모아 종이를 태워본 일이 있을 것이다. 볼록렌즈는 그렇게 흩어진 빛을 모으는 역할을 한다.

수정체 위아래에는 모양체라는 근육이 붙어 있다. 수축과 이완을 반복하며 수정체의 두께를 조절해 눈 안으로 들어온 빛을 모은다. 동공으로 들어온 빛이 수정체를 통과하면서 모여 눈의 가장 안쪽에 있는 망막에 제대로 맺히면, 시신경이 정확한 상을 뇌에 전달한다. 하지만 이게 쉬운 일이 아닌 모양이다. 상이 망막 앞쪽에서 맺히거나 망막 뒤쪽으로 넘어가는 일이 왕왕 발생하는데 전자는 근시, 후자는 원시다.

근시가 되는 원인에는 크게 두 가지가 있다. 우선 수정체에서 망막까지의 거리가 너무 멀 가능성이 있다. 성장하면서 수정체에 비해 안구가 커진 경우다. 두 번째로 수정체와 모양체의 기능에 이상이 있을 수 있다. 두 기관이 협력해 수정체 두께를 적절히 조절해야 하는데, 수정체 두께가 적당히 얇아지지 않으면 근시가 된다.

렌즈는 두꺼울수록 빛을 많이 꺾이게 하는 성질이 있어 두꺼운 수정체는 상을 망막의 앞쪽에 맺히게 한다. 두꺼운 볼록렌즈를 상쇄할 수 있는 건 오목렌즈로, 오목렌즈는 빛을 바깥으로 퍼지게 만든다. 적절한 두께의 오목렌즈 안경을 쓰면 퍼진 빛이 눈으로 들어와서 상이 조금 더 뒤쪽에 맺히도록 한다. 그래서 멀리 있는 것이 잘 보이지 않는 사람들은 이 오목렌즈 안경을 쓴다.

원시는 모든 것이 근시와 반대다. 수정체에서 망막까지 거리가 짧거나 수정체가 제대로 두꺼워지지 않는 경우다. 수정체를 두껍게 만들기 위해선 모양체가 잔뜩 수축해 수정체를 꽉 눌러줘야 하는데, 나이가 들면 다른 근육과 마찬가지로 이 근육도 약해진다. 그래서 먼 것은 제대로 보이는 반면, 가까이 있는 물체는 초점이 맞지 않아 흐리게 보인다. 이럴 때 필요한 것이 볼록렌즈인 돋보기다. 할머니 할아버지가 코에 돋보기를 걸고 신문이나 책을 보는 것은 이런 이유에서다.

내 눈은 원시와 근시를 사이좋게 하나씩 가지고 있다. 평상시 생활에 아무런 불편함이 없고 양쪽 눈이 각각 담당하는

분야가 정확한 것까지는 좋은데, 문제는 경계다. 근시인 오른쪽 눈이 점점 흐려지고, 이제부터 왼쪽 눈이 담당하기 시작하는 거리가 있다. 바로 그 위치에서 모기가 흔들흔들 오갈 때 내 눈은 정신을 못 차린다.

앞에 있는 것 같기도 하고 뒤에 있는 것 같기도 하고 '어, 어' 하는 사이 모기는 다른 곳으로 내빼고 만다. 살충제가 사람 몸에도 좋지 않으니 모기약을 뿌리긴 싫고, 그렇다고 모기 때문에 밤잠을 포기할 수도, 모기가 덜 나오는 곳으로 이사 갈 수도, 모기 때문에 한쪽 눈만 라식수술을 할 수도 없는 일. 해결책은 의외로 가까운 곳에 있었다.

텐트처럼 생긴 모기장을 산 것이다. 가격도 그리 비싸지 않은 데다 사용방법도 간단했다. 이제 모기 때문에 밤잠을 설치는 일은 없다. 한밤중에 벌떡 일어나 눈에 불을 켜고 모기를 쫓던 지난날이 아련하게 떠올랐다. 왜, 진작 사지 않았을까. 문제는 눈이 아니라 머리였나 보다.

라면과
이별하는 방법

형부는 라면 끓이기의 왕이다. 그가 별다른 계량 없이 감각적으로 끓여낸 라면은 정말 맛있다. 적당한 짠맛과 푹 퍼지지 않는 면발은 기본이고, 달걀이나 청양고추, 콩나물 등 부재료와도 최상의 조합을 만들어낸다. 그런데 형부가 돌연 라면과의 이별을 선언했다. 얼마 전 가족들과 둘러앉아 '힐링푸드(healing food)' 이야기를 나눈 뒤 결심한 것이란다.

힐링푸드는 치유를 위한 음식을 뜻한다. 아마도 저마다 유달리 좋아하는 음식이 있을 것이다. 평소에 자주 먹거나 주기적으로 떠오르는 음식, 또는 아프거나 지쳤을 때 나도 모르게 찾게 되는 음식이 있다. 먹고 나면 배부름뿐만 아니라 정서적으로 깊은 만족감을 느끼게 된다.

힐링푸드는 과거의 어떤 기억이나 감정과 연결되어 있을 가능성이 크다. 특히 어린 시절 행복한 순간에 먹은 음식, 또는 자주 먹은 음식이 힐링푸드가 될 가능성이 높다고 한다. 힐링푸드라는 것이 학문적으로 증명된 건 아니지만 좋아하는 음식과 기억의 관계만큼은 일리가 있는 이야기라 생각했다. 뇌의 가장 안쪽에 기저핵이라는 중추가 있기 때문이다.

인간의 뇌는 하는 일이 많아도 너무 많다. 몸 전체를 지켜보고, 관리하고, 판단하고, 결정까지 하느라 쉴 수가 없다. 무게 1.5kg 정도에 불과한 뇌가 우리 몸이 소비하는 전체 산소량의 25% 가량을 사용한다니, 뇌의 노동량이 얼마나 막대한지 짐작할 수 있다. 심지어 잠을 잘 때도 뇌의 일부는 깨어 있어야 한다. 아무리 게을러 보이는 사람에게도 이렇게 쉴 새 없이 일하는 고되고 피곤한 뇌가 머리에 장착되어 있다.

뇌는 이런 수고를 조금이라도 덜기 위해 기발한 장치를 마련했다. 예를 들어 가스레인지에 밥을 하면 끓어 넘치지 않을지, 타지는 않을지 이만저만 신경이 쓰이는 게 아니다. 특히 밥이 다 될 때까지 가스레인지 위에 냄비가 놓여 있음을 잊어서는 안 된다.

그런데 전기밥솥에 밥을 안치면 쌀이 익는 동안 다른 일을 하거나 쉴 수 있다. 밥이 탈 걱정이 없으니 마음도 평화롭다. 전기밥솥이 알아서 밥을 하듯, 우리가 일상에서 자주 반복하

는 일련의 과정을 별다른 판단 과정 없이 자동으로 행동하게 하는 곳이 우리 뇌 안에도 있다. 바로 기저핵이다.

기저핵은 대뇌의 일부로 뇌의 가장 안쪽에 있는 시상을 달팽이 모양으로 감싸고 있는 기관이다. 우리가 어떤 행동을 반복할 때 기저핵은 이를 기억해두었다가 어떤 신호가 오면 그 행동을 하게 한다.

처음 컴퓨터 자판을 익힐 땐 ㄱ과 ㄴ이 자판의 어느 곳에 있는지 일일이 기억하고 의식해야 했다. '라면'이라는 단어를 치기 위해선 ㄹ ㅏ ㅁ ㅕ ㄴ을 인식해 하나하나 자판 위치를 판단한 뒤 손가락으로 자판을 눌렀다. 그런데 일단 익숙해지면 그 다음부턴 판단 따윈 하지 않는다. 생각과 동시에 손가락이 저절로 움직여 자판을 치고 화면에는 머릿속에 있던 글자들이 나타난다. 자판을 치는 행위가 기저핵에 저장되어 이제 생각만 해도 손가락이 저절로 움직이는 것이다. 이렇게 반복을 통해 몸이 알아서 행동하게 된 것을 '습관'이라 부른다. 기저핵은 이 습관들이 쌓이는 저장창고인 셈이다.

기저핵에 한 번 저장된 정보는 여간해선 사라지지 않는다. 다른 뇌 부위가 손상되어 판단이나 사고능력이 현저하게 떨어지게 되더라도 기저핵이 손상되지 않으면 습관은 그대로 남아 행동하게 된다. 그런데 어떤 행동이 습관이 되려면 두 가지가 더 필요하다. 바로 '신호'와 '보상'이다. 행동이 습관이 되는 과정을 잘 보여주는 실험이 있다.

쥐 한 마리를 미로 안에 넣어둔다. 쥐 앞을 가로막은 작은 문은 '딸깍' 소리와 함께 열린다. 문 뒤로 이어진 통로는 양쪽으로 갈라져 있고 그중 어느 한쪽에 좋아하는 먹이가 놓여 있다. 처음 문이 열리면 쥐는 한참 머뭇거리다 조금씩 미로 문 안쪽으로 들어간다. 어디선가 풍겨오는 먹이 냄새의 근원지를 찾아 코를 벌름거린다. 일정 시간 후 쥐는 결국 먹이를 찾아 먹는다. 이 과정을 반복할수록 쥐가 먹이를 찾는 시간은 빨라지고 나중엔 '딸깍' 소리가 나는 즉시 먹이가 있는 쪽으로 직행한다.

그런데 이 과정에서 뇌의 움직임이 크게 달라졌다. 처음엔 뇌 대부분의 영역이 활발히 활동한 반면, 기저핵은 조용했다. 그런데 점차 먹이 찾는 속도가 빨라질수록 기저핵의 활동이 점점 많아지더니, 먹이 쪽으로 직행할 무렵에는 다른 뇌 영역은 활동을 정지한 채 오로지 기저핵 부위만 활발히 움직였다. '딸깍'이란 신호를 듣고 몸을 움직였더니 먹이라는 보상이 나왔다. '신호-행동-보상'의 과정을 반복하는 사이 신호가 오면 몸이 알아서 움직이는 '습관'이 만들어진 것이다.

사람의 습관이 만들어지는 과정도 마찬가지다. 글자를 치겠다는 신호를 보내면 손가락이 움직이고 이를 통해 생각이 글로 나타나는 보상이 온다. 행동만이 아니다. 생각과 감정도 습관이다. 잠을 자기 전 양치질의 상쾌함을 반복해 느낀 사람은 이제 양치질을 하지 않고는 찜찜해서 잠을 못 잔다.

물론 세상엔 좋은 습관만 있는 게 아니다. 나쁜 습관이 나를 불편하게 하거나 아프게 하기도 한다. 양치질하지 않는 습관 때문에 충치가 생겨 이가 아프다면 이젠 습관을 바꿔야 할 것이다. 안타깝게도 '신호-반복행동-보상' 단계 중 우리가 통제할 수 있는 부분은 '반복행동'뿐이다. 무언가를 하고 싶거나 하고 싶지 않은 생각(신호)이 드는 것은 어쩔 수 없다. 하지만 행동은 멈추거나 바꿀 수 있으니 그냥 억지로라도 양치질을 하다보면 습관이 될 수도 있다.

당연히 말처럼 쉬운 일은 아니다. 도무지 습관으로부터 벗어나기 어려울 때는 기존 습관을 아예 없애기보다 좀 더 쉬운 습관 쪽으로 방향을 선회하는 것도 좋은 방법이다. 좋은 결과가 따를 때 이를 반복하게 하는 '보상회로'가 있다면 부정적인 경험을 한 뒤 이를 피하게 하는 '혐오회로'도 있기 때문이다.

양치질 습관이 되지 않은 사람은 대개 양치질을 귀찮은 것으로 인식하고 있을 가능성이 크고, 혐오회로 역시 반복을 통해 강화된다. 따라서 양치질을 하지 않던 사람이 칫솔을 잡으려면 아주 큰 에너지가 필요하다. 이럴 땐 새로운 습관을 만드는 게 좋다. 양치질 대신 치실을 사용해보거나 가글액으로 입안을 헹구며 상쾌함을 느껴보는 것이다. 이런 반복행동을 통해 입안이 깨끗해지는 기분을 보상으로 경험하면 습관이 될 확률이 높아진다.

중요한 것은 습관의 시작은 신호에 불과함을 알아차리는 것이다. 무언가를 습관적으로 먹게 된다면 어떤 신호로 인해 그 음식을 먹게 되는지 깨달아야만 신호가 반복행동으로 이어지는 것을 막을 수 있다.

어린 시절 형부는 맞벌이하는 부모님 때문에 집에서 혼자 보내는 시간이 많았다. 이런 형부를 위해 부모님은 늘 라면을 떨어지지 않게 사두었다. 형부는 심심하거나 배가 고플 때면 라면을 끓여 먹었다. 육체적, 정서적 '허기짐'의 신호가 올 때마다 '라면 끓이기'라는 반복행동을 하니 '배부름'과 '만족감'이라는 보상이 따라왔다. 그렇게 라면은 형부에게 힐링푸드가 되었다.

어렸을 때의 이 습관이 나이 오십이 다 된 지금까지 이어졌다. 타고난 식성이라고 생각했던 것이 사실은 습관이었다는 사실을 알고 형부는 마음이 씁쓸했다고 한다. 그래서 이참에 라면을 끊어보기로 결심을 한 것이다. 성공여부를 떠나의미 있는 시도라 생각한다.

나는 사과와 감을 썰어 말리고 있다. 오래된 습관을 없애는 건 정말 어려울 것이다. 대신 라면을 과일말랭이로 대체하면 건강에는 좀 더 좋지 않을까 생각한다. 뭐 어쩌면 라면에 과일말랭이까지 추가로 먹게 되는, 그래서 뱃살이 느는부작용이 있을지도 모르겠지만. 나는 단지 형부를 응원하고싶을 뿐이다. 형부의 결심에 박수를 보낸다.

봄볕의
힘

봄볕이 환하게 거리에 쏟아질 때면 언제나 가슴이 설렌다. 겨우내 입었던 두껍고 우중충한 외투는 깨끗하게 빨아 옷장 안에 넣어두고, 대신 파스텔톤의 가벼운 남방을 걸치고 꽃길을 걷고 싶다.

그런데 이상하다. 몸이 축축 처지고 자꾸 하품이 나온다. 다른 날보다 특별히 더 많이 움직이거나 과로한 것도 아닌데 눈이 뻑뻑하고 몸은 천근만근, 피곤에 맥을 못 춘다. 유난히 따뜻한 주말, 쏟아지는 잠에 취해 까무룩 하루를 보내고 나서야 '아하!' 하고 깨닫는다. 봄이면 어김없이 찾아오는 춘곤증, 요놈 때문이다.

춘곤증으로 가장 흔한 증상은 한창 깨어 있어야 할 대낮에

나른하게 잠이 쏟아지는 것이다. 특히 북반구 대륙에 사는 이들에게 주로 나타나는 증상으로 몇 가지 원인이 있다.

우선 계절의 변화를 신체가 따라가지 못해 생기는 부적응 현상이란 가설이 있다. 여기엔 생체리듬을 조절하는 호르몬 중 하나인 멜라토닌(melatonin)이 관여한다. 멜라토닌은 빛을 감지해 밤낮의 길이와 광주기*를 예측하고, 이를 바탕으로 하루 동안의 수면 시기와 혈압의 오르내림 등을 결정하는 호르몬이다.

동물의 짝짓기와 동면 시기도 이 호르몬의 분비에 따라 결정된다. 멜라토닌의 양은 눈에서 받아들이는 빛의 양에 따라 달라진다. 특히 멜라토닌은 빛이 없는 밤에 생성되기 때문에 밤이 긴 겨울에는 멜라토닌이 많이 만들어져 잠도 늘어난다. 봄이 오면 눈에서 받아들이는 빛의 양이 많아지고 낮도 길어져 멜라토닌이 적게 나온다. 그런데 반대로 햇빛이 비치는 동안 만들어지는 호르몬도 있다. '행복 호르몬'이라 불리는 세로토닌(serotonin)이다.

정신을 각성상태로 만드는 세로토닌이 분비되면 괜히 기분이 좋아진다. 긍정적인 생각이 많아지니 자연스럽게 활동량도 늘어난다. 멜라토닌 감소로 밤잠은 적어지고 세로토닌

---

* 낮 동안 생물이 적절한 활동을 할 수 있도록 빛에 노출되는 시간의 단위.

은 증가해 몸의 움직임이 많아지니 피곤하지 않을 수 없다.

한편 춘곤증이 봄볕과는 상관이 없다는 또 다른 가설도 있다. 체내 수면을 유도하는 단백질인 '사이클린 A*' 단백질의 양 때문에 춘곤증이 생긴다는 것이다. 이 단백질은 세포 내에서 수면과 기상 주기를 결정하는 역할을 한다.

2012년 미국 록펠러대학교 마이클 영 교수팀은 초파리의 신경세포에 있는 수천 개의 유전자를 연구했다. 겨울에는 세포 내 사이클린 A 단백질이 충분해 초파리가 깊은 잠을 오랫동안 잘 수 있었지만 봄에는 양이 줄어 잠을 충분히 잘 수 없었다. 자다 깨다를 반복하며 깊은 잠에 빠져드는 시간이 짧은 것으로 나타난 것이다. 사이클린 A 단백질은 사람의 신경세포에도 존재한다. 따라서 이 단백질의 양이 적어지면서 잠을 푹 자지 못해 봄에 춘곤증이 발생하게 된다는 이야기다.

멜라토닌과 세로토닌 때문이든 단백질 때문이든 봄에 춘곤증이 생기는 것은 변하지 않는 사실이다. 빛의 양은 다른 호르몬의 변화에도 영향을 주기 때문에 몸뿐만이 아니라 감정 기복이 심해지기도 한다. 꽃가루와 강한 햇빛으로 인해 알레르기 질환이 다른 계절에 비해 늘어나기도 하고 날씨의 급격한 변화로 면역력이 떨어져 감기에 걸리기도 쉽다.

---

* 세포주기의 진행을 조절하는 단백질의 한 종류.

재밌는 연구 내용도 있다. 미국 〈LA 타임즈〉가 보도한 내용에 따르면, 봄은 계획하지 않은 임신을 가장 많이 하는 계절이라고 한다. 봄에 여성의 배란이 촉진되고 정자 수도 가장 많아지기 때문이라는 것이다.

대중에게 잘 알려진 과학 잡지 〈사이언티픽 아메리칸〉에 실린 연구라 하니 영 근거 없는 이야기는 아닌 듯하다. 개인적으론 몹시 고개가 끄덕여진다. 춘곤증이 심한 3~4월에 임신하면 11월에 아기가 태어날 확률이 높은데, 정말 신기하게도 내 친구 대여섯 명의 생일이 11월에 몰려 있다. 얘들은 왜 한꺼번에 태어나서 내 통장을 빈궁하게 만드는 건지 궁금했는데, 오래된 미스터리 하나가 풀린 것 같다.

인류학자들은 춘곤증을 다르게 보기도 한다. 겨울잠을 자던 초기 인류가 동면하지 않는 쪽으로 진화하는 과정에 생기는 현상이라는 것이다. 하지만 춘곤증을 비롯해 봄마다 우리를 찾아오는 신체적, 심리적 변화의 원인은 아직 정확히 밝혀지지 않았다. 위에 설명한 것들은 원인의 아주 작은 일부에 불과하다.

몇 해 전, '사무실에서 몰래 자는 법'이 인터넷 검색 순위에 오른 적이 있다. 무척 끌리는 내용이어서 클릭해보니 거의 수평으로 젖혀지는 의자를 책상 아래에 놓고 누워 자는 모습의 사진이 올라와 있었다. 무척 탐나는 의자였다. 춘곤증과 달리 식곤증은 계절에 상관없이 찾아와 나를 괴롭히니까. 30분의 단잠이 오후의 업무 능률을 올릴 수도 있으련만. 누울 수 있는 의자의 제도적 도입이 시급하다!

알아두면 쓸데 있는
재채기 상식

늦은 밤, 버스를 타고 집에 오는 길이었다. 중년 남성이 바로 내 앞자리에 앉았다. 감기에 걸렸는지 연신 재채기를 한다. 내가 내릴 때까지 5분 남짓한 시간 동안 거짓말 안 보태고 열 번도 넘게 "에취, 에취" 하고 재채기를 했다. 나는 슬그머니 손으로 코와 입을 막았다. 앞 사람의 입과 코에서 나온 무언가가 내 콧속으로 들어갈 것 같았기 때문이다.

너무 예민한 것 아니냐고? 글쎄다. 내 생각이 과대망상이 아님을 보여주는 연구가 있다. 미국 매사추세츠공과대학교 연구팀은 재채기하는 모습을 초고속으로 촬영해 이를 분석했다. 그 결과, 재채기를 할 때 코와 입에서 크고 작은 입자들이 배출되는데 5μm(마이크로미터)* 이상인 입자는 곧장 땅에

떨어졌지만 1μm*이하의 크기가 작은 입자들은 구름처럼 집단으로 무리지어 움직이며 공중에 떠다닌다는 사실이 밝혀졌다. 에어컨이나 온풍기의 바람을 타고 한 건물에서 다른 건물로 옮겨갈 수도 있고, 에볼라 바이러스나 메르스 바이러스의 입자가 포함될 수도 있다고 했다. 무서운 이야기다.

나는 그날 창문이 닫힌 버스 안에서 열 번 넘게 재채기하는 사람의 바로 뒷자리에 앉아 있었다. 얼마나 많은 보이지 않은 물방울들이 내 얼굴과 콧속 점막 곳곳에 닿았을지 굳이 상상하고 싶지 않다.

재채기는 먼지나 꽃가루 같은 이물질과 세균 따위가 몸 안

---

* m의 백만분의 일에 해당하는 길이의 단위로, 1μm는 0.000001m.

으로 들어오는 것을 막아내기 위해 자동으로 일어나는 우리 몸의 방어 기제다. 폐에 있던 공기가 한꺼번에 빠른 속도로 기도를 통해 뿜어져 나오는 것이다. 콧속에 들어간 작은 먼지가 코털과 점막을 건드리면 히스타민(histamine)이라는 물질이 분비된다. 히스타민은 콧물이 나오게 하는 동시에 코에서 뇌로 가는 신경을 자극해 재채기할 준비태세를 갖추게 한다. 그리고 눈, 코, 입, 뺨, 목구멍, 가슴의 근육들이 한꺼번에 적절히 움직이면 시원하게 재채기가 나온다.

내겐 재채기와 관련해 특이한 습관이 있다. 재채기가 나올 랑 말랑 할 때 형광등이나 햇빛을 바라보는 것이다. 희한하게도 빛을 보면 재채기가 잘 나온다. 이게 당연한 줄 알았다. 그런데 언젠가 지인이 "너는 왜 재채기할 때마다 해를 쳐다봐?"라고 묻는 바람에 모두 다 그런 건 아니라는 걸 알았다.

내가 코가 간질거릴 때마다 빛을 바라본 이유는, 신경 전달의 오류로 눈에 빛이 들어온 것을 그만 코에 이물질이 들어왔다고 뇌에 신호를 전달하기 때문이다. 콧구멍(눈)에 이물질(빛)이 들어왔으니 재채기로 내보내려는 것이다. 이 때문에 실내에 있다가 갑자기 햇볕을 쬐면 바로 재채기가 나온다. 이를 '광반사 재채기'라고 한다. 네 명 중 한 명은 유전적으로 이렇게 타고난다고 한다.

탈무드 격언에 '가난과 사랑과 재채기는 숨기지 못한다'라는 말이 있다. 겨우겨우 코를 달래가며 잠시 늦출 수는 있어도, 일단 했다 하면 소리든 행동이든 티가 나기 마련이다. 그만큼 격렬하다. 그도 그럴 것이 재채기를 할 때 뿜어져 나오는 공기의 속도는 놀랍게도 시속 50~70km나 된다. 이에 비해 방귀의 속도는 고작 최대 3.6km에 불과하다. 눈물이 나오는 속도는 훨씬 느리다. 사람 몸에서 뭔가를 배출할 때 재채기보다 더 빠르게 하는 방법이 있을까? 내가 알기론 없다.

요란한 재채기지만 그래도 낮밤은 가린다. 자면서 잠꼬대하는 사람은 많아도 재채기하는 사람은 못 봤다. 깊은 잠을 자는 동안 재채기를 일으키는 신경세포도 함께 잠이 들어 비활성 상태가 되기 때문이다. 그래서 설사 콧속으로 먼지가 들어오더라도 잘 때는 재채기를 하지 않는다.

감기에 걸렸을 때 나오는 콧물은 그야말로 바이러스 덩어리다. 그날 버스 안에서 내 앞자리에 앉은 남성의 콧물이 내 콧속으로 들어왔을 수도 있다. 그렇다고 해서 곧바로 감기에 걸리는 건 아니다. 내 몸엔 바이러스를 처리하는 면역체계가 돌아가고 있으니 말이다. 하지만 과로나 피로 누적으로 면역력이 약해졌을 땐 감기에 걸릴 수도 있다. 그러니 평소 잘 먹고, 푹 쉬는 게 건강을 지키는 가장 좋은 방법이다. 그리고 감기에 걸렸을 땐 혹 면역력이 떨어져 있을지 모를, 지치고 피곤한 타인을 위해 마스크를 쓰도록 하자.

때밀이에도
타이밍이 중요하다

찜질방에 안 간 지 10년도 더 된 것 같다. 남들은 놀 겸 쉴 겸 찜질방을 찾는다는데, 나는 그 기분을 잘 모른다. 사람이 많은 것도 싫고 내 옷 아닌 옷을 입는 것도 거북하고, 미끈한 욕실 바닥을 밟는 것도 찝찝하다. 어렸을 때도 목욕탕에 가는 걸 그렇게 싫어했다. 여름엔 요리조리 핑계를 대며 피해 갈 수 있었지만 겨울엔 별수 없었다. 날씨가 추워지면서 피부에 때가 허옇게 일어났기 때문이다. 내가 봐도 더러우니 안 갈 수가 없다.

뜨거운 탕에 몸을 담그고 있으면 잠시 후 엄마가 부르는 소리가 들린다. 일단 모른 척한다. 공포의 이태리타월을 가능하면 늦게 만나고 싶은 것이다. 끝내 엄마에게 손목을 붙

들려 한바탕 검은 국수 가락을 쭉쭉 뽑아내고 온몸이 벌게지고 나면 그제야 마음이 놓인다. 겨울방학이 되면 주말마다 치르는 전쟁이었다.

이렇게 나를 괴롭힌 때가 유독 겨울에만 허옇게 일어나는 이유는 무엇이었을까. 먼저 '때'의 정체를 알아봐야겠다. 때는 먼지 같은 물질이 땀과 피지와 섞여 피부의 각질층과 함께 벗겨져 나온 것이다.

피부는 바깥 부분부터 표피-진피-피하조직으로 나뉜다. 표피는 물이나 이물질이 몸속으로 들어가지 못하게 막고 우리 몸을 보호하는 역할을 한다. 진피는 표피 아래 부분으로 이곳에 땀샘, 모낭, 피지선, 혈관 등이 자리 잡고 있다. 피하조직은 지방층이다.

각질은 표피 중에서도 가장 바깥쪽으로 밀려난 딱딱한 피부조직을 말한다. 각질층의 피부세포엔 세포를 살아 있게 하는 세포핵이 없다. 죽은 세포라는 뜻이다. 각질층은 자외선 등 다양한 외부 자극으로부터 피부를 보호하고 세균이나 바이러스가 몸속으로 들어오지 못하도록 막는다.

각질은 반드시 있어야 하는 우리 몸의 일부지만 그렇다고 마냥 남겨둘 필요는 없다. 각질이 모공을 막으면 뾰루지가 생기기 쉬우니 묵은 각질은 주기적으로 없애주는 것이 좋다. 하지만 지나치면 안 된다. 각질의 중요한 역할 중 하나는 수분

증발을 막는 것이다. 때를 밀고 난 뒤 몸이 건조해지는 것은 수분 증발을 막아줄 각질이 사라졌기 때문이다. 각질이 사라지면 피부는 이를 보상하기 위해서 더 많은 각질을 만들어낸다. 허연 각질이 더 많이 일어나고 각질층은 점점 더 두꺼워진다. 특히, 각질층 바로 아래에 있는 상피세포까지 밀어버리게 되면 피부는 그야말로 엉망이 된다.

이런 사태를 예방하기 위해선 때를 밀 때 '국수 가닥'의 색을 살펴보는 것이 도움이 된다. 각질층의 국수 가닥은 거무스름한 색을 띠는 반면, 상피세포층은 하얀색이다. 하얀 때가 나온다면 이미 선을 넘은 것이니 때 밀기를 즉시 멈춰야 한다.

때를 민 후엔 반드시 보습제를 발라줘야 한다. 특히 겨울철엔 빠트리지 않는 게 좋다. 겨울이 되면 피부는 체온이 내려가는 것을 막기 위해 땀구멍을 작게 만든다. 땀구멍이 좁아지면 수분(땀)이 적게 나오고 표피는 더욱 건조해진다. 우리나라의 겨울철 대기 역시 건조하니, 보습제를 바르지 않으면 건조의 제곱이고, 피부에겐 재앙이다. 피부가 갈라지는 피부건조증이나 건성습진과 같은 대참사가 일어나기도 한다.

어린 시절, 목욕탕에서 엄마는 내 몸의 상피세포까지 싹 벗겨냈고 따로 보습제를 챙겨 바르지도 않았다. 그럼에도 다행히 대참사는 일어나지 않았다. 무너진 피부층이 완전히 회복되는 기간인 일주일이라는 시간이 주어졌기 때문일 것이다. 우린 주말에만 목욕탕에 갔으니까 말이다.

만일 일주일에 일요일이 두 번이었다면 내 피부는 얼마나 괴로웠을까. 내가 겪은 고통에 대해, 이제라도 엄마에게 복수를 해야겠다. 아, 엄마의 등을 마지막으로 밀어드린 게 언제였던가!

내 안의 보일러

우리 집은 겨울에도 웬만해선 보일러를 돌리지 않는다. 전기 장판과 전기난로면 그럭저럭 지낼 만하다. 영하로 기온이 뚝 떨어진 추운 날이 이어질 때면 고양이 미미는 볕이 가장 잘 드는 베란다에서 낮 시간을 보낸다. 온종일 잠을 자다가 해가 기울어질 때쯤 방으로 들어온다.

문제는 밤이다. 극세사로 된 고양이용 침실을 마련해두고 푹신한 담요도 깔아놓긴 했지만 혹 춥지 않을까 걱정이 됐다. 자다가 추우면 내 이불 속으로 파고들겠지, 하는 생각으로 며칠 지켜봤다. 다행히 미미는 잘 지냈다. 뜨끈한 전기장판과 두꺼운 이불로 무장해야 하는 나와 달리 미미는 오로지 털 하나로 겨울밤을 보낸다.

사람은 추위에 몹시 취약해서 평소 36.5℃를 유지하던 심장 부근의 중심 체온이 2℃만 떨어져도 저체온증이 발생한다. 혈액 순환과 호흡, 신경계에 심각한 문제가 생길 수도 있다. 그래서 추위에 노출되면 우리 몸에선 두 가지 활동이 자동으로 일어난다. 체온을 잃지 않기 위한 활동, 그리고 열을 만드는 활동이다. 추운 날 창문을 꼭 닫고(심지어 뽁뽁이도 붙인다) 보일러를 켜야 난방이 잘되듯 그 일이 몸 안에서도 그대로 벌어지는 것이다.

체온이 떨어지지 않게 하려면 따뜻한 혈액이 차가운 피부 바깥쪽으로 흘러 혈액이 식는 것을 막아야 한다. 피부 근처의 혈관을 수축시켜 혈액이 심장을 중심으로 중요 부위만 순환하도록 한다. 추울 때 피부가 창백해지고 입술이 파래지는 이유는 피부쪽 혈액량이 감소했기 때문이다.

소름이 돋는 것도 열 손실을 막기 위한 방법이다. 털이 박혀 있는 피부 안쪽에는 털을 세우는 근육이란 뜻의 입모근이 있다. 입모근을 수축시켜 털을 세우면 그 높이만큼 공기층이 생겨 털과 피부 사이에서 보온제 역할을 하게 된다. 다만 이 방법은 아주 오래전 인류의 조상이 털로 뒤덮여 있던 시절에만 유용했을 뿐, 털이 거의 사라진 현대 인간에게는 별 효과가 없다.

또 땀 분비량도 억제해야 한다. 땀이 기화하면서 피부의

열을 빼앗아가기 때문이다. 사람처럼 몸 전체에 땀샘이 퍼져 있을 경우 더울 때 열을 식히는 데는 유용하지만 추위에는 불리하다. 무더운 아프리카에서 진화해온 인류의 조상이 남긴 흔적이다. 반면 고양이나 개에겐 땀샘이 거의 없는데 추운 야생에서도 그나마 견딜 수 있는 이유다.

몸 안에서 열이 발생하는 과정은 열을 지키는 것에 비해 천천히 일어난다. 호르몬이 필요하기 때문이다. 호르몬은 만들고 분비하는 장소와 분비를 명령하는 기관이 서로 다른 경우가 많아 효과를 보는 데 시간이 꽤 걸린다.

뇌의 가운데에 위치한 뇌하수체는 호르몬 분비 명령을 총괄하는, 호르몬 조절의 컨트롤타워 역할을 한다. 뇌하수체가 명령을 내리면 티록신(thyroxine)과 아드레날린(adrenaline)

이 각각 갑상샘과 부신 속질에서 분비되어 물질대사와 세포 호흡을 촉진한다. 호흡이란 양분과 산소를 이용해 물과 에너지를 만드는 과정으로 이때 발생한 열에너지로 체온을 올리는 것이다. 호흡에는 산소와 함께 포도당이 있어야 한다. 추운 날 달달한 호빵이나 붕어빵이 먹고 싶어지는 이유다.

온 세상이 꽁꽁 얼어붙는 겨울은 대다수 생명에게 혹독한 계절이다. 특히 인간 위주로 뒤바꿔놓은 도시에서 내쫓기듯 숨어 눈치 보며 살아가는 뭇 생명에겐 하루하루가 목숨을 건 투쟁이나 다름없다. 추위와 굶주림 앞에 속수무책인 생명들을 마주할 자신이 없는 난, 내 눈앞을 지나치는 거리의 동물에게 안타까운 마음뿐이다. 개와 고양이가 자주 눈에 띄는 길가에 작은 담요를 넣은 상자라도 갖다 놓을까, 수십 번 고민하지만 용기가 없어 아직 실행하지 못했다. 이따금 밥과 물을 내어줄 뿐이다.

개도, 고양이도, 새도, 사람도, 모두 존엄한 생명이고 우리는 함께 살아가고 있다는 공감대가 더 필요하지 않을까. 모두에게 따뜻한 겨울이기를.

Part 3

오늘도 지구는
바쁘게 움직인다

'과거의 별'이
빛나는 밤

알퐁스 도데의 소설 《별》은 농장 주인집 딸 스테파네트와 그를 남몰래 좋아하는 양치기 목동(주인공인데 이름도 없다!)이 산에서 우연히 밤을 함께 보내게 되는 이야기다. 소설에는 산 위에서 사람 구경도 못하고 양떼를 돌보는 목동의 외로운 생활이 그려진다.

소설의 뒷부분에는 목동이 스테파네트에게 마차부자리, 오리온자리, 시리우스, 북두칠성 등 별과 별자리에 대한 이야기를 들려주는데, 이 부분이 소설의 하이라이트다. 나는 이 소설이 주는 재미없는 교훈보다는 별이 가득한 산속이라는 낭만적인 설정에 가슴이 뛰었다.

별자리는 5000년 전 메소포타미아의 양치기 목동들에게

서 전해졌다. 풀을 찾아 옮겨다니며 양을 치던 목동들은 바깥에서 잠을 청하면서 자연스레 밤하늘을 바라봤을 것이다. 고독과 외로움이 목동들의 상상력을 키워 아름다운 별자리들이 탄생했다. 하지만 별자리는 고정된 것이 아니다. 시간이 흐르면 모습이 변한다. 지금도 변하고 있다.

별자리를 이루고 있는 별은 저마다 다른 공간에 있다. 우리가 보기엔 마치 하늘이라는 평면에 별이 박힌 듯 보이지만 그들은 앞뒤로 엄청난 공간을 두고 놓여 있다. 지구에서 바라봤을 때 서로 모여 있는 듯 보일 뿐이다. 또, 그 별들은 각자 자기만의 운동을 하고 있다.

지금으로부터 10만 년 전 북두칠성의 모습을 나타낸 그림이 있는데 지금과는 완전히 다른 모양이다. 아마 먼 미래의 사람들이 알퐁스 도데의 소설을 읽는다면 도대체 이 별자리들이 어떻게 생겼다는 건지, 꽤나 궁금해할 것이다. 별은 예술가들의 상상력을 불러일으키기에도 아주 좋은 소재가 된다. 윤동주는 시 '별 헤는 밤'에서 '별이 아스라이 멀듯이'라고 썼다. 서정적인 이 표현은 과학적으로 따져봐도 적절하다. 별은 정말 아스라이, 까마득하게 멀리 있다.

어느 정도냐면 지구에서 가장 가까운 별인 태양까지 가는 데에도 빛의 속도로 8분이 걸린다. 총알보다 더 빠르다는 아폴로 우주선을 타고서 태양으로 소풍을 간다면 왕복 10년이

걸린다. 그래도 명색이 소풍인데, 김밥으로 점심을 먹으려면 지구와 태양 사이에 김밥가게를 몇 개나 지어야 할까?

그 다음으로 가까운 별은 빛으로 4년을 넘게 가야 한다. 맨눈으로 봤을 때 가장 밝은 별은 겨울 밤하늘에서 볼 수 있는 시리우스인데 무려 8.7광년*이나 떨어져 있고, 북두칠성을 이루는 7개의 별은 60~200광년 사이에 있다.

만화영화 〈은하철도 999〉에서 기차는 안드로메다 은하를 향해 떠난다. 안드로메다는 태양계가 속한 '우리은하'와

---

* 빛이 진공 속에서 1년 동안 진행한 거리로 천체 사이의 거리를 나타낼 때 쓰는 천문 단위.

가까운 거리에 있는 은하에 속한다. 가깝다고는 해도 무려 220만 광년이나 떨어져 있다. 인류가 아프리카 초원에 모습을 드러낸 것이 15만 년 전이라 하니 기차가 종점에 이르면 아마도 메텔은 새로운 생물종으로 변해 있을 가능성이 크다. 220만 광년 떨어져 있기 때문에 안드로메다에서 지금 막 출발한 빛은 지구에 220만 년 후에나 도착한다. 천체망원경으로 안드로메다 은하를 바라본다면, 그것은 220만 년 전의 모습이다. 지금은 어떻게 변해 있을지 알 수 없다.

밤마다 보는 별 가운데 지금은 폭발하고 없는 별도 많다고 한다. 우리는 별의 과거가 보낸 빛을 보고 있다. 빛보다 빠른 속도로 이동할 수 있는 뭔가가 있다면 그것이 바로 미래로 가는 타임머신이 될 것이다. 빛보다 조금, 아주 조금만 빨리 움직이면 된다. 타임머신 그까이꺼, 별거 아니다.

하늘의 로또
운석을 찾으러

얼마 전 진주에 다녀왔다. 그곳에 볼일이 있다는 지인을 그냥 따라나섰다. 진주는 생각보다 꽤 큰 도시였다. 저녁 무렵, 조용한 진주성을 한 바퀴 돌고 밥을 먹으려 성 입구를 나설 때 건너편 상가에 '운석빵'이라고 적힌 현수막을 봤다. '운석 모양으로 빵을 만들었나?'라고 생각하며 무심히 지나쳤다. 저녁을 먹고 숙소에 가느라 다시 그 가게 앞을 지났다. 그제야 대체 어떤 빵인지 궁금해 휴대폰으로 검색을 했다. 게시물이 여러 개 나오는 것이 꽤 유명한 모양이었다.

알고 보니 진주는 우리나라에서 운석이 떨어진 몇 안 되는 곳 중 하나였다. 2014년 3월, 하늘 비스듬히 떨어지는 빛나는 물체를 발견했다는 증언이 전국 곳곳에서 나왔다. 차량

블랙박스에는 5초 이상 빛을 내는 뭔가가 찍혔다. 그 물체는 다음 날 진주의 한 농가 비닐하우스에서 발견됐다. 땅에 떨어진 그 물체가 바로 운석이다.

운석은 어디에 있느냐에 따라 다른 이름으로 불린다. 지구에 떨어지는 운석은 목성과 화성 사이에 떠다니는 소행성이었을 가능성이 크다. 평소 소행성은 태양을 중심으로 각자의 궤도를 돌다가도 종종 이탈한다. 소행성끼리 부딪치는 것이 원인이라지만 확실치는 않다. 정해진 길에서 벗어난 소행성은 중력이 강한 태양 쪽으로 끌려오다가 지구의 공전궤도를 통과하기도 한다. 빌 브라이슨의 책《거의 모든 것의 역사》에 재밌는 비유가 나온다.

"지구의 공전궤도가 일종의 고속도로라고 한다면 그 길을 달리는 자동차는 우리(지구) 뿐이다. 그러나 보행자(소행성)들이 살펴보지도 않고 길을 건넌다고 생각해보자. (…) 우리가 알고 있는 것은, 그런 보행자들이 시속 10만 km의 속도로 달리고 있는 우리 앞에서 알 수 없는 빈도로 길을 건너다니고 있다는 사실 뿐이다. (…) 멀리서 반짝이는 수천 개의 별이 아니라, 가까이에서 아무렇게나 움직이는 소행성들이 엄청나게 많다는 뜻이다."

소행성이 지구에 근접하는 것도 모자라 아예 대기권 안으로 들어오면 어떻게 될까. 소행성이 너무 빠른 속도로 진입하는 탓에 대기권을 가득 채운 공기는 비켜날 새가 없다. 소행성 앞쪽 공기는 잔뜩 압축되고, 온도가 태양 표면의 열 배로 올라간다. 뜨거운 공기와의 마찰로 소행성은 활활 타면서 빛을 내고 우리는 이것을 유성이라 부른다. 유성은 대부분 공기 중에서 순간적으로 기화해버리지만, 일부 타다 남은 것이 땅에 떨어진다. 이것이 바로 운석이다.

운석은 크게 두 가지로 나뉜다. 우선 큰 소행성은 지구처럼 중력에 의해 돌면서 겉면에는 가벼운 물질이, 내부에 무거운 물질이 자리 잡기 때문에 다른 소행성과의 충돌로 부서지면 조각마다 성분이 다를 수밖에 없다. 이를 분화운석이라 부른다. 이와 달리 태양계가 처음 만들어졌을 때의 모습을 그대로 유지하고 있는 소행성도 있다. 이것이 지구에 떨어진 것을 시원운석이라 부른다. 시원운석을 분석하면 태양계 초기의 모습을 짐작할 수 있어 '태양계의 타임캡슐'이라고 불리기도 한다.

진주에 떨어진 것이 바로 시원운석이다. 무게 29kg부터 420g의 작은 돌조각까지, 사람들은 총 네 개의 운석을 찾아냈다. 운석의 소유권은 먼저 주운 사람에게 있다. 당시 학자들은 이 운석이 이미 세계 곳곳의 다른 지역에서 수차례 발견된 운석과 비슷한 성분이어서 희소성은 떨어진다고 밝혔다. 해외에선 1g당 3~4달러에 판매되고 있다고도 했다. 이 듬해 지질자원연구원은 1g당 1만원에 사겠다고 발표했지만 2016년까지도 운석은 소유주들이 개별로 보관하고 있다.

사실 진주 운석은 1943년 전라남도 고흥군 두원면에 떨어진 운석 이후 71년 만에 한반도에 떨어진 귀하신 몸이다. 우주 공간에 떠다니던, 태양계 초기의 모습을 간직한 물체가 그 광활한 우주를 통과해 하필 소유자의 눈앞에 나타난다는 건 기적에 가까운 일이다. 그래서 많은 사람들은 유성을 보는 경험을 신비롭게 생각하며 소원을 빌고 운석이 발견된 장소에도 각별한 뜻이 깃들어 있다고 여긴다. 아마 운석빵에도 이런 의미가 담겼을 것이다.

전혀 과학적이지 않다고 해도 유성을 보며 소원을 비는 것은 아름다운 일이라 생각한다. 간절히 바라는 게 있는 사람은 생을 향한 열망도 강할 것이기 때문이다. 유성처럼 잠시 나타났다 사라지고 말 우리 삶이 기쁨과 희망과 사랑으로만 채워질 수 있다면. 나는 두 손을 모은다.

최초의 우주개
라이카

조카가 강화에 있는 우주센터로 현장학습을 다녀왔다며 그
곳에서 받은 책자를 내게 건넸다. 책을 보면서 조카와 이야기
를 나누던 중 한 장면을 보고 멈칫했다. 우주선에 탄 강아지
한 마리가 장난스럽게 웃고 있는 그림이었다. 그 개는 '최초
의 우주개'라 불리는 '라이카(Laika)'다. 뭔가 불편한 감정이
일었다. 나도 모르게 그만 "그림에서 강아지는 웃고 있지만,
사실 라이카는 지구로 돌아오지 못했어"라고 말해버렸다.

조카는 눈을 동그랗게 뜨고 내게 폭풍 질문을 던지기 시작
했다. "왜 돌아오지 못했어? 지금 라이카는 어디에 있어?" 아
주 혼란스러운 듯했다. 순간 실수했구나, 싶었다. 조카는 이
제 여섯 살이다. 아직은 삶의 아름다움을 봐야 할 나이가 아닐

까? 하지만 이미 엎질러진 물. 나는 사실대로 얘기해주었다.

1900년대 초부터 우주 공간의 주도권을 선점하기 위해서 옛 소련과 미국 간에 그야말로 우주개발 전쟁이 일어났다. 어딘가에 있을지 모를 에너지를 찾아 또는 인간이 살 수 있는 새로운 행성을 찾아 로켓과 위성을 경쟁적으로 쏘아올렸다.

'과연 우주 공간에서 사람이 살 수 있는가.' 초기 우주 개발자들에겐 이것이 가장 큰 문제였다. 결국 사람 대신 동물이 그 실험대상이 되었다. 처음으로 우주선에서 죽음을 맞이한 동물은 '알버트'라는 벵골원숭이였다. 1948년 미국이 알버트를 태운 로켓을 발사했는데 우주선 안에서 산소 부족으로 죽고 말았다. 이후 미국은 10년 동안 일곱 차례 동물을 태워 우주로 내보냈지만 살아 돌아온 동물은 없었다.

1957년 옛 소련은 인류 최초로 궤도를 따라 도는 인공위성 스푸트니크(Sputnik) 1호를 쏘아올리는 데 성공했다. 이후 한 달 만에 스푸트니크 2호를 발사하라는 명령이 떨어졌고, 이에 연구자들은 개를 태워 우주에 내보낼 계획을 세웠다. 당시 모스크바 항공의학연구소에는 3년 전부터 훈련을 받아온 개가 있었다. '쿠드랴프카'라는 버려진 거리의 개였다. 쿠드랴프카는 여러 마리의 개들 중 유난히 사람을 잘 따르고 영리해 스푸트니크 2호에 탑승할 개로 선발됐다. 쿠드랴프카는 이때부터 '라이카'라는 이름으로 불리게 됐다.

스푸트니크 2호 선실은 라이카가 겨우 앉았다가 일어날 수 있을 정도의 좁은 공간이었다. 그래도 라이카가 우주에서 살 수 있도록 산소 발생기와 이산화탄소 제거장치가 달려 있었고, 물과 음식을 공급하도록 설계됐다. 또 라이카의 맥박, 호흡, 체온 등을 감지하는 전극이 있어 라이카의 생존 정보를 지구로 송신하도록 했다.

1957년 11월 7일, 이날은 소련 혁명기념일이었다. 라이카는 정든 연구원들과 작별 인사를 하고 선실에 올랐다. 발사는 성공했다. 한 달 간격으로 두 개의 인공위성을, 그것도 생명체가 탑승한 최초의 인공위성을 쏘아올린 것이다. 얼마 후 들뜬 분위기가 가라앉았고 사람들은 궁금해하기 시작했다. 라디오로 짖는 소리를 들려주었던 영리한 개 라이카는 어떻게 되었을까?

스푸트니크 2호에는 처음부터 귀환장치가 없었다. 소련은 라이카가 일주일 정도 생존했고 독극물이 든 먹이를 먹고 편안히 숨을 거뒀다고 발표했다. 라이카는 무중력상태인 우주에서도 인간이 생존할 수 있다는 가능성을 확인시켜주고 숨을 거뒀다. 사람들은 라이카의 죽음을 슬퍼했고, 라이카를 '최초의 우주개'로 기리게 됐다.

그런데 2002년, 뜻밖의 자료가 공개됐다. 러시아 생물학 연구소의 한 박사가 당시 라이카에 대한 데이터를 발표한 것이다. 자료는 발사 직후 라이카의 심장박동수가 세 배 이상 빨라졌음을 보여줬다. 라이카는 사실 가속도와 고온을 견디지 못하고 고통과 공포 속에 버티다 결국 다섯 시간여 만에 죽고 만 것이다.

조카에게 이 모든 얘기를 해줄 순 없었지만 최선을 다해 설명했다. 하지만 조카는 어떻게 라이카가 처음부터 돌아올 수 없는 길을 떠나게 된 건지 여전히 이해하지 못하는 것 같았다. 냉혹한 권력의 세계를 여섯 살 조카가 어찌 이해할 수 있을까.

슬퍼하는 조카에게 마음을 정리할 시간을 줘야 했다. 그래서 종이에 라이카 그림을 그린 뒤 화분에 묻어 장례식을 치러줬다. 조카에게 이 얘기를 해준 것이 과연 옳은 것인지 여전히 의문이다.

하늘은 파랗게,
노을은 붉게 보이는 이유는?

'계절이 지나가는 하늘에는 가을로 가득 차 있습니다.'

윤동주의 시 '별 헤는 밤'의 첫 문장이다. 감성 충만하던 고등학생 시절, 누가 시킨 것도 아닌데 이 시를 외우고 또 외웠다. 위 구절이 멋있게 느껴졌기 때문이다. 난 시인이 바라본 하늘이 어떤 모습인지 알 것 같았다. 아마 페가수스자리나 물고기자리같은 가을 별자리로 가득한 밤하늘이 아니었을까?

'하늘은 높고 말은 살찐다'라는 뜻의 천고마비(天高馬肥)는 시인이 살던 시절에도 흔히 쓰이는 말이었다. 중국 당나라 시인 두보의 할아버지가 북쪽 변방을 지키러 간 친구에게 보낸 편지에서 나온 말이라고 하니 유래가 깊다. 대부분의 사람들이 높고 푸른 낮 하늘로 가을을 표현할 때, 윤동주는 밤하늘에서 가을을 발견했다. 시인의 감성은 역시 다르다. 그래도 밤이든 낮이든, 가을이 오는 길목에서 가장 먼저 우리를 반기는 것이 하늘임에는 분명한 듯하다. 대체 하늘이 무엇이기에 보는 이들에게 특별한 감정을 불러일으키는 걸까?

하늘은 지표를 둘러싸고 있는 공간 가운데 우리가 눈으로 볼 수 있는 범위를 가리킨다. 공중에 가득한 공기에는 원래 색이 없는데도 하늘은 마냥 파랗기만 하다. 그 이유는 빛의 성질 중 하나인 '산란' 때문이다. 빛에는 직진, 반사, 굴절, 산란, 회절, 분산 등 여러 성질이 있다. 산란은 빛이 먼지나 공기 등 작은 입자와 부딪쳐 사방으로 흩어지는 것을 말한다. 햇빛에는 무지개색이 모두 들어 있는데 이 중 가장 산란이 잘되는 색이 바로 단파장인 파란색과 보라색이다.

하늘이 파랗게 보이는 건 이 파란 파장이 공기와 부딪혀 산란된 빛이 우리 눈에 들어오기 때문이다. 대기 중 수분은 구름이나 안개처럼 우리 눈에 하얗게 보이는데, 가을엔 대기가 건조해져 수분까지 싹 사라지면서 다른 계절보다 더욱 파랗게 보이는 것이다.

반면, 해가 머리 위에 있을 때와 달리 해가 질 때는 햇빛이 지구 반지름 정도의 대기를 더 통과해야 한다. 이때는 단파장인 푸른색보다 장파장인 붉은색이 직진성이 강해 대기를 뚫고 우리 눈까지 잘 전달된다. 저녁놀이 붉게 보이는 이유다.

해가 지평선 아래로 사라진 이후에도 도시의 하늘은 잠들지 못한다. 한밤중에도 하늘 끝자락이 희뿌옇게 붉은색을 띠고 있는데, 이는 도시에서만 볼 수 있는 광(光)공해다. 광고 조명이나 가로등, 차량 전조등 등 도시의 불빛이 공중의 먼지 입자를 만나 산란한 것이다. 이 빛이 하늘의 별빛을 막아 도시에서 별을 보기 어려워졌다.

우리가 파란 하늘과 붉은 노을을 보며 감상에 젖는 것은 오랜 시간 자연과 함께 살아온 인류의 무의식과 관련이 깊다. 비가 오고 번개가 무섭게 내리치는 날엔 사냥도 채집도 하기 어렵다. 강물이 불어나 물살이 거칠어지고 때론 홍수가 나 주위를 휩쓸어버린다. 이 비가 언제 그칠지, 언제 다시 먹을 걸 구하러 나갈 수 있을지, 아무도 예측할 수 없다.

그렇기에 이들에게 가장 좋은 날이란, 바로 비구름이 싹 걷히고 파란 하늘이 비치는 날이다. 서쪽의 붉은 노을은 내일도 맑은 날이 이어지리란 걸 미리 알려주는 신호였다. 하루를 열심히 살다가 해질 무렵 붉은 노을을 바라보며, 비록 오늘은 만족스럽지 않더라도 내일은 다를 거란 희망과 기대를 품는 것이다.

그런 날 밤엔 별도 많이 뜬다. 하늘이 폭우와 번개로 요동친 이후에도 별은 어김없이 제자리에서 뜨고 진다. 무슨 일이 있어도 별은 자신의 운행을 멈추지 않는다. 유한하기에 불안한 삶에서 어쩌면 별을 바라보는 이들은 자신도 별처럼 사라지지 않는 영원한 존재가 되길 바랐던 건 아닐까.

우리는 모두 알고 있는지도 모른다. 결국 우리 모두가 돌아갈 곳은 내가 태어난 바로 저 별이라는 사실을.

구름을
만질 수 있는 곳

2012년 10월 14일, 미국 뉴멕시코주에서 오스트리아 출신의 스카이다이버 펠릭스 바움가르트너(Felix Baumgartner)가 깜짝 놀랄 도전에 나섰다. 하늘 높이 올라가 낙하산 하나만 맨 채 맨몸으로 뛰어내리는 스카이다이빙을 하기로 한 것이다. 사실 스카이다이빙은 누구나 마음만 먹으면 할 수 있는 스포츠다. 하지만 이 도전은 많이 달랐다.

보통 스카이다이빙이 경비행기를 타고 올라가 지상 2~4km 높이에서 뛰어내리는 것과 달리 바움가르트너는 열기구를 타고 2시간 30분에 걸쳐 무려 39km까지 올라갔다. 그곳은 마치 우주 한가운데 있는 듯 사방이 어두컴컴했고 지구는 아득히 먼 곳에서 반짝이는 커다란 은쟁반처럼 보일 뿐이었다.

지상 39km는 어떤 곳일까. 그곳에는 산소가 없어 숨을 쉴 수 없을 뿐만 아니라 기온과 기압이 낮아 잠시 머무는 것만으로도 목숨을 잃을 수 있다.

지구를 둘러싼 공기층을 대기권이라고 한다. 대기권은 지상 1000km까지 해당하지만 지구 중력 때문에 전체 공기의 99%는 32km 이내에 몰려 있다. 대기권은 지표와 가까운 순서로 대류권, 성층권, 중간권, 열권으로 나뉘는데, 고도가 올라갈수록 온도가 낮아지는지 아니면 높아지는지에 따라 구분된다.

우리가 숨을 쉬고 사는 대류권은 약 11km까지로, 위로 올라갈수록 온도가 낮아진다. 그래서 지구에서 가장 높은 에베레스트산은 8.9km에 달하는 높은 고도 때문에 여름에도 꼭 대기의 만년설이 녹지 않는다.

'대류'는 뜨거운 것은 위로, 찬 것은 아래로 내려오면서 열이 전달되는 현상을 일컫는 말이다. 대류권에선 햇빛으로 달궈진 지표에 의해 데워진 공기가 위로 올라가고 위쪽의 찬 기운은 아래로 내려오는 대류 현상이 끊임없이 일어난다. 그래서 대기가 대단히 불안정하고 수증기가 많아 온갖 기상 현상이 발생한다. 번개가 치고 폭풍이 휘몰아치고 새떼도 날아다닌다. 이 불안정한 층에서 비행기가 열 시간 넘게 날아야 한다면 아마도 보험회사들은 곧 문을 닫아야 할지 모른다.

　그래서 비행기는 대류권을 지나 성층권을 따라 이동한다.
성층권은 대류권 위부터 약 50km 높이까지 해당한다. 비 오
는 날 비행기를 타면 대류권을 통과하자마자 '이곳이 천국이
아닌가' 싶을 만큼 멋진 풍경에 놀라게 된다. 우중충하던 지
상의 날씨와는 달리 새하얀 구름 밭이 파란 하늘과 눈부신
햇살 속에 한없이 펼쳐지기 때문이다. 비행기가 성층권을 따
라 이동하기 때문에 볼 수 있는 장관이다.

　바움가르트너가 뛰어내린 곳이 바로 이 성층권이다. 비행
기 항로는 대류권에서 그리 많이 올라가지 않을뿐더러 아무
리 높아 봐야 상공 20km를 넘지 않는데, 바움가르트너가 뛰
어내린 위치는 무려 39km다. 높이를 가늠하기조차 쉽지 않

다. 게다가 비행기나 우주선처럼 자신을 보호해줄 든든한 이동수단도 없이 오직 헬륨가스를 가득 채운 기구 하나에 작은 캡슐을 매달아 그 높은 곳까지 올라갔다.

그의 도전은 개인적인 기록을 위한 것이 아니었다. 극한의 환경에서 생명을 보호할 수 있는 우주복 등 각종 장치의 성능을 검증하는 과정이었다. 이 도전에만 과학자 70여 명, 스태프 300여 명이 참여했고, 한 에너지 음료회사가 2007년부터 자금을 지원했다. 마흔세 살인 바움가르트너는 25년 동안 2500번 넘게 스카이다이빙을 해온 베테랑이었지만, 이 도전을 위해 무려 5년 동안 훈련을 받았다.

성층권은 대기가 적어 공기와의 마찰이 거의 없다. 따라서 떨어지는 속도는 음속보다도 빠르다. 이때 몸이 1초에 약 120회 회전을 하는데, 속도와 회전을 견디지 못하고 정신을 잃으면 도전에만 실패하는 것이 아니라 생명을 잃을 수도 있다. 그에겐 영원한 시간처럼 느껴졌을 4분 20초 동안 그는 자유낙하를 견뎌냈고, 상공 1.5km에서 낙하산을 펼쳐 뉴멕시코주 사막지대에 무사히 착륙했다. 이 도전으로 그는 가장 높은 곳에서 가장 빨리 뛰어내린 기록에 이름을 올림과 동시에 그가 타고 간 헬륨가스 기구는 '최고도 상승기구' 기록을, 그가 펼친 낙하산은 '최고 높이 낙하산' 기록을 세웠다.

"캡슐 문을 열고 뛰어내리기 직전, 어떤 생각을 했습니까?" 무사 착륙을 축하하며 한 기자가 그에게 물었다. "세상 꼭대기에 서면 매우 겸손해집니다. 기록을 깨는 것에 대해선 더 이상 생각하지 않게 되고, 그저 살아 돌아오기만을 바라게 됩니다."

그는 이렇게 멋진 대답을 했지만 정작 지상에서의 삶은 그리 겸손하지 못했던 것 같다. 이 위대한 기록을 이룬 지 불과 3주 만에 그는 한 트럭 기사 얼굴을 폭행해 벌금 1500유로를 냈다. 그리고 더욱 안타깝게도, 그의 기록은 2014년 10월 앨런 유스타스(Alan Eustace) 현 구글 부사장에 의해 깨졌다.

유스타스는 특수설계한 우주복을 입고 고도 41km까지 헬륨가스 기구를 타고 올라갔다. 인간의 성층권 여행을 위해 상용 우주복을 개발하고 있는 한 기업이 3년 동안 기획한 것이었다. 언론에 대대적으로 홍보하며 시끌벅적하게 뛰어내린 바움가르트너와 달리 유스타스의 낙하는 조용히 진행됐다. 그리고 그 기록은 아직 깨지지 않았다.

우박은 왜
한여름에 떨어질까?

'후두두둑 쏴아쏴아.'

하늘에서 뭔가 요란하게 쏟아지는 소리가 들린다. 얼른 창 밖을 내다보니 아스팔트 위로 하얀 것들이 통통 튄다. 우박이다. 한낮 30도를 훌쩍 넘는 무더위에 하늘에서 얼음이 떨어지다니 참 신기한 일이다. 왜 우박은 하필 더운 여름에 주로 내리는 걸까.

우박을 이해하려면 먼저 구름이 어떻게 만들어지는지 알아야 한다. 구름이 만들어지려면 반드시 필요한 것이 있는데 바로 상승기류다. 상승기류는 뜨거운 공기가 하늘 위로 솟구쳐 올라가는 것으로 햇빛이 강할수록 강해진다. 발도, 날개도 없는 수증기는 마치 마법 융단을 타듯 상승기류를 타고 중력을 거슬러 하늘로 쭉쭉 올라간다.

구름이 만들어지는 저 높은 곳은 어떤 환경일까? 여름이라도 산에서 밤을 지내려면 두꺼운 침낭과 겉옷이 필요하다. 높이 올라갈수록 기온이 내려가는 이유는 태양에서 받은 에너지를 우주로 되돌려 보내는 '지구 복사에너지'의 양이 적어지기 때문이다. 또 위쪽엔 공기가 적어 기압도 낮다. 기압이 낮으면 온도는 더 내려간다. 그러니 구름이 만들어지는 곳은 춥다. 생각보다 훨씬.

상승기류를 타고 올라가던 수증기는 온도가 낮은 곳에서 눈이나 빙정(氷晶) 같은 얼음알갱이가 된다. 이 얼음알갱이에 수증기가 달라붙어 점점 커지다가 무거워지면 아래로 떨어지는데 그대로 떨어지면 눈, 내려오다 녹으면 비가 된다. 그래서 물방울이 모여 무거워지면서 떨어지는 적대 지방의 비를 제외하면, 대부분의 비는 얼음이 내려오다가 녹은 것이다.

날이 더워지면 지표면이 데워져 상승기류가 강해지고, 바다에선 엄청난 양의 수증기가 증발돼 하늘로 날아오른다. 갑자기 양이 많아진 수증기가 하늘로 올라가 얼음알갱이에 달라붙고, 순식간에 얼음덩어리가 되어버린다. 무거워진 얼음덩어리는 아래로 떨어질 수밖에 없다. 이때 지표면으로 그냥 뚝 떨어지면 빗방울이 굵은 소나기가 된다.

그런데 아래로 내려오던 얼음덩어리가 강한 상승기류를

만나 다시 위로 올라가면 수증기 알갱이가 또 들러붙어 크기가 더 커지게 된다. 더 큰 얼음덩어리가 되어 내려오다가 또 다시 상승기류를 타고 오르기를 반복하는 동안 얼음의 크기는 더 커진다.

특히, 수직으로 높이 솟아오르는 하얀 적란운 속에서 이 현상이 잘 일어난다. 그렇게 떨어진 얼음덩어리 중 지름이 5mm 이상인 것을 우박, 그 미만을 싸락눈이라고 한다. 사실, 우박은 아무리 커도 지름 10cm를 넘기기 힘들다. 무거운 얼음덩어리를 위로 올리는 상승기류에도 한계가 있기 때문이다.

그래서 더운 날, 얼음이 녹는 속도보다 땅으로 떨어지는 속도가 빠를 때, 우리는 우박을 맞을 수 있다. 그런데 통계를 보면 7~8월보다 6월과 9월에 우박이 더 많이 내린다. 7, 8월엔 워낙 기온이 높아서 내려오다가 녹는 경우가 많기 때문이다. 겨울엔 햇빛이 약해서 강한 상승기류가 생기지 않기 때문에 우박이 내리지 않는다.

무척 환상적인 우박이 내리는 곳도 있다. 2013년 미국천문학회 연례회의에서 발표한 연구에 의하면, 목성과 토성에선 번개가 치면 대기 중 메탄이 탄소로 바뀌고 이것이 다시 흑연, 다이아몬드 결정체로 변하면서 우박처럼 떨어질 거라 예측했다.

가장 큰 다이아몬드는 지름이 1cm나 되고, 1년에 1천 톤이나 만들어질 거라 한다. 하지만 안타깝게도 이렇게 만들어진 다이아몬드는 뜨거운 액체 바다로 이뤄진 행성의 핵 속으로 녹아 들어가고 만다.

그러고 보면, 다이아몬드도 액체가 되어버리는 펄펄 끓는 목성과 토성에선 오히려 얼음덩어리 우박이 다이아몬드보다 훨씬 귀한 존재가 아닐까 싶다. 사물에 돈의 가치를 매겨 자랑하는 건 오직 인간밖에 없으니 얼음이든 다이아몬드든 그들은 그저 제 있을 곳에 존재할 뿐이다.

해와 달이
부리는 마술

그 섬마을엔 호랑이가 많았다. 어느 날 사나운 호랑이가 마을에 나타났다. 사람들은 황급히 배를 타고 근처 작은 섬으로 피신했다. 그러나 이를 어쩌랴. 뽕 할머니만 미처 따라가지 못했다. 헤어진 가족이 그리웠던 할머니는 날마다 용왕님께 기도를 드렸다. 그러던 어느 날, 꿈속에 용왕님이 나타나 "내일 무지개를 바다 위에 내릴 테니 건너가라"라고 말했다.

다음 날 과연 바다가 둘로 갈라지면서 무지개 모양의 길이 나타났다. 가족을 만난 뽕 할머니는 "내 기도로 바닷길이 열려 너희를 만났구나. 이제 죽어도 여한이 없다"라는 말을 남기고 숨을 거뒀다.

전라남도 진도의 회동마을에 전해오는 이야기다. 이 마을에선 해마다 음력 2월과 6월이면 바다가 갈라지는 진풍경이 벌어진다. 이때를 맞아 진도군에서는 '신비의 바닷길' 축제를 연다. 성경에 나오는 '모세의 기적'을 눈으로 직접 보겠다며 국내외에서 많은 이들이 이곳을 찾는 모양이다. 종교가 있는 이들에겐 신성한 체험이 될 수 있겠지만, 내겐 바닷길이 열리는 진짜 이유가 더 신비롭게 느껴진다.

바닷길을 여는 것은 신의 계시도, 뽕 할머니의 기도도 아닌, 바로 해와 달이다. 어떻게 저 멀리 있는 해와 달이 엄청난 무게의 바닷물의 움직임에 영향을 주는 걸까.

우리가 눈으로 보는 모든 물질 사이엔 서로 끌어당기는 힘, 인력이 존재한다. 인력은 질량이 클수록 거리가 가까울수록 커진다. 태양과 행성, 위성들 사이에도 마찬가지다. 태양계란 '태양의 중력이 미치는 범위'와 같은 의미기에, 태양계에 속한 지구가 태양의 영향을 받는 것은 당연하다.

반면 달은 지구 질량의 81분의 1 정도밖에 안 되지만 우주선으로 날아갈 수 있을 정도로 가까운 거리에 있어, 지구는 달과의 인력에서 자유롭지 않다. 이에 비해 다른 행성들은 질량이 작거나 지구로부터 거리가 멀어 지구에 미치는 인력이 미미하다.

액체는 고체에 비해 움직임이 자유롭다. 그래서 표면의 70%가 물로 채워진 지구는 마치 자석에 끌려가는 철가루처

럼 태양과 달의 인력에 이끌린다. 특히 두 천체 가운데 지구에 더 큰 영향을 주는 것은 달이다. 달의 인력은 태양에 비해 두 배나 세다. 그래서 바닷물은 달이 향하는 쪽으로 쏠려 달이 지나가는 지역엔 밀물이 일어난다. 반대로 지구 중심을 기준으로 달과 90도 벌어진 양쪽 위치에선 썰물이 일어난다.

이에 따라 달이 있는 곳과 정반대인 지구 반대편에도 밀물이 생긴다. 매 시각 지구의 두 지점에선 밀물로 만조*가, 다른

---

* 지구, 달, 태양 간의 인력에 따라 하루 중 해수면이 가장 높아졌을 때.

두 곳에선 썰물로 간조*가 나타나는 것이다. 그런데 달은 해처럼 하루에 한 번 뜨고 진다. 결국 한 지역에서 밀물과 썰물은 각각 두 번씩 교차로 발생한다.

달이 바닷물을 쥐락펴락하는 동안 태양은 곁에서 보조를 맞춘다. 지구와 태양 사이에 달이 끼어들 때(지구-달-태양) 달은 태양과 함께 떴다가 함께 지기 때문에 밤에 보이지 않는다. 바로 그믐이다. 같은 방향에 놓인 달과 태양은 합심해서 바닷물을 더 세게 잡아당긴다. 달이 지구 너머 태양의 반대편에 있을 때(달-지구-태양), 즉 보름달이 뜰 때도 마찬가지다. 양쪽에서 물을 잡아당기니 양쪽으로 더 많은 물이 쏠린다.

이 시기가 바로 밀물과 썰물의 차가 큰 '사리' 기간이다. 사리 때는 물의 흐름도 덩달아 세진다. 반대로 달과 태양이 지구를 중심으로 90도 위치에 있을 때, 즉 반달이 뜰 때에는 달과 태양의 인력이 서로 상쇄해 힘이 약해진다. 이때가 '조금'이다. 밀물과 썰물 차가 적고 물살도 순해진다. 사리와 조금은 달의 차고 짐과 함께 한 달에 두 번 발생한다.

뽕 할머니가 꿈에서 용왕님을 만난 그날 밤, 하늘엔 보름달이 떴거나 아니면 아예 달이 뜨지 않았을 것이다. 다음 날 바닷물이 갈라졌다는 것은 많은 양의 물이 쏠려나갔다는 것

---

* 지구, 달, 태양 간의 인력에 따라 하루 중 해수면이 가장 낮아졌을 때.

이니 밀물과 썰물의 차가 큰 사리였음이 분명하다. 자신의
기도 때문에 바닷길이 열린 게 아니란 걸 뽕 할머니가 안다
면 슬퍼하실까? 우리만 알고 할머니에겐 오래도록 비밀로
해두는 게 좋겠다.

지구의 하루는
언제부터 24시간이었을까?

색줄멸이라는 우리나라 해안에서 자라는 물고기가 있다. 보름이나 그믐이 되면 색줄멸은 밀물을 타고 떼 지어 바닷가로 몰려든다. 그리고 저마다 바닥이 움푹한 곳에 자리를 잡는다. 산란과 수정을 하기 위해서다. 할 일을 마친 색줄멸은 곧장 썰물을 따라 바다로 돌아간다. 자신이 낳은 알을 돌보지 않고 도망가는 매정한 물고기라 생각하면 안 된다. 이들이 굳이 바닷가까지 나와 알을 낳는 데는 이유가 있다.

보름이나 그믐에는 달과 태양의 인력 때문에 밀물과 썰물의 차가 가장 크고 이 시기를 사리라고 한다. 사리 때에는 평소엔 마른 땅이던 곳에 물이 차오르고 또 늘 물에 잠겨 있던 곳이 맨땅으로 드러나기도 한다. 그래서 어떤 웅덩이에 고인

물은 다음 사리 때까지 꼼짝없이 바다로부터 떨어져 있어야
한다. 색줄멸은 바로 이 웅덩이를 찾아 알을 낳는다. 알들은
부화할 때까지 9일 동안 이곳에서 지내며 바닷물고기의 먹
이가 되는 위험에서 벗어날 수 있다. 그리고 다음 사리를 맞
아 바닷물이 밀려오면 이때 넓은 바다로 헤엄쳐가는 것이다.

이렇게 하루 두 번, 밀물과 썰물에 의해 생기는 바닷물 웅
덩이를 '조수웅덩이'라 부른다. 조수웅덩이는 자그마한 공
간이지만 이곳에도 엄연히 생태계가 존재한다. 해초와 작은
게, 고둥, 말미잘, 작은 물고기 등 비교적 힘없고 약한 생명들
이 나름의 삶을 펼쳐간다.

밀물과 썰물은 조개의 껍데기에도 흔적을 남긴다. 때에 따
라 바다기도 했다가 육지기도 한 지대를 '조간대'라고 한다.
조간대에 사는 조개의 껍데기에는 많은 정보가 담겨 있다.
조개는 물속에 잠겨 있을 때는 성장을 하다가 물이 빠지면
입을 굳게 닫고 성장을 멈추는데 이 주기가 껍데기의 줄무늬
로 기록된다. 그래서 줄무늬를 정밀하게 조사하면 조개의 나
이도 알 수 있다.

2006년 아이슬란드 해안에서 발견된 조개는 처음엔 400년
정도 된 것으로 추정됐다. 이 조개를 냉장시설에 보관해오던
중 2013년에 연구를 위해 잠시 껍질을 열어본다는 것이 그만
생명을 잃게 만들고 말았다. 하지만 껍데기 안쪽을 조사한 결

과, 이 조개의 나이는 무려 507세였던 것으로 밝혀졌다.

밀물과 썰물은 해양생물만이 아니라 지구의 움직임에도 손길을 뻗친다. 거대한 바다를 쉴 새 없이 움직이려면 엄청난 에너지가 필요하다. 자전하는 지구의 운동에너지가 바닷물의 운동에너지로 전환되고, 이 운동에너지는 해안의 방파제를 부수기도 한다.

하지만 가장 많은 부분은 바닷물과 지구 표면 사이에서 마찰열로 전환된다. 이 마찰이 지구의 자전 속도를 조금씩 늦추고 있다. 100년마다 수백분의 1초씩 늦추는 정도라 미미하다고 여길지 모르지만, 지구 나이 45억 살에 견줘 100년은 너무 짧은 시간이다.

지구에 암모나이트가 나타나기 시작하고 삼엽충이 소멸하던 3억 5000만 년 전, 그러니까 고생대 후기에서 중생대 초기 무렵 지구의 하루는 22시간이었다. 대신 이때 1년은 400일이었다. 불과 몇 억 년 사이 하루는 24시간이 됐고 1년은 365일이 됐다.

뿐만이 아니다. 달은 해마다 약 3.8cm씩 지구로부터 멀어져간다. 날마다 보이는 달도 늘 거기 있는 것이 아니란 이야기다. 언젠가는 지구를 완전히 벗어나는 순간이 올 것이다. 그러면 밀물과 썰물도 지금과 같지 않을 것이다.

그때 우리 인류는 어떤 모습일까? 그때까지 남아 있기는 할까? 인류는 지구에서 멸종을 자처하는 유일한 생물종이라 던데, 결국엔 다 사라지고 말 것 아닌가? 그때엔 이런 글도 다 무슨 의미가 있을까? 아차, 이러면 안 되지. 과학은 허무주의에 빠질 때 위험해진다. 현실에 발을 단단히 딛고 과학이 밟아온 과거를 발판 삼아 오늘 하루를 잘 살아야지!

완벽하지 않아서
더 아름다운 눈 결정

어렸을 때, 눈이 거의 오지 않는 남쪽 지방에 살았다. 눈이 오는가 싶다가도 이내 비로 바뀌거나 내리는 족족 녹아 땅에 쌓이는 일이 거의 없었다. 눈사람 한 번 만들면 소원이 없겠다 싶었다.

그래서 눈발이 날리면 환호성을 지르며 밖으로 뛰어나갔다. 그날도 그랬다. 이리저리 뛰어다니며 눈을 입으로 받고, 손으로 받고, 그렇게 놀고 있었다. 장갑 낀 손 위에 떨어진 눈 한 송이가 반짝 빛을 내고는 작은 물방울로 변했다. 나는 자리에 멈춰선 채 '조금 전에 본 것이 내가 생각하는 그것이 맞나?' 하는 생각을 했다.

내가 본 것은 육각형 모양의 아주 작고 얇은 유리판 같은 것이었다. 텔레비전이나 책에서 그런 모양의 눈을 본 적은 있지만 현미경도 아닌, 직접 내 눈으로 보게 될 줄은 몰랐다. 누구에게 자랑할 새도 없이 너무 순식간에 사라져 아쉬울 뿐이었다. 놀라움과 신비로움이 온몸을 관통한 흔치 않은 순간이었다.

그것은 눈 결정이었다. 물질을 이루는 분자들이 모일 때 고유하고 독특한 배열이 생긴다. 원자들 사이의 당기는 힘 때문이다. 분자나 원자들이 모여 일정한 공간적인 배열을 이룬 것을 결정이라 부른다. 물 분자의 결정은 육각형 형태로, 눈 결정이 육각형인 것은 이 때문이다.

중학생이 되어 분자와 결정 구조에 대해 조금 알게 되었을 때, 눈이 내리는 것을 보며 궁금증이 생겼다. 눈도 얼음도 둘 다 물이 언 것인데 즉 재료는 같은데 왜 얼음은 육각형 모양으로 얼지 않을까. 온도가 낮고 습도가 높은 구름 속에선 수증기들이 서로 천천히 달라붙어 결정 구조가 크게 만들어질 수 있다. 미세한 결정핵을 중심으로 수증기들이 결합해 눈에 보일 만큼 큰 결정으로 성장하는 것이다. 하지만 얼음은 결정 구조가 만들어지기 전에, 액체에서 고체로 급격히 상태만 변한 것이다.

사실 눈이라고 해서 모두 육각형의 나뭇가지 모양을 띠는 건 아니다. 눈 결정의 형태는 그야말로 천차만별이다. 투박

한 육각기둥이나 바늘, 심지어 모래시계 모양이 만들어지기도 한다. 구름 속에서 생성된 결정핵이 땅으로 내려오는 동안 온도와 압력, 습도의 변화를 겪게 되고 먼지나 오염물질처럼 물 이외의 다른 물질과 섞여 형태가 틀어지는 것이다.

미국 유타대학교의 연구에 따르면, 눈송이하면 떠오르는 완벽하게 대칭인 육각형 눈 결정은 많아야 1000번 중에 한 번 나타난다고 한다. 게다가 눈 결정은 사람처럼 완전히 똑같은 것은 단 한 개도 없다. 아주 까다로운 녀석이다.

몇 해 전 겨울이었다. 하늘에서 육각형 눈송이들이 쏟아지던 그 흔치 않은 순간, 나는 운이 좋게도 길을 걷고 있었다. 낮이었고 때마침 어두운 색의 겉옷을 입고 있었다. 나는 옷소매에 눈송이들을 받아 휴대폰으로 사진을 찍기 시작했다. 형태가 잘 보이는 상태로 눈송이가 소매에 떨어지는 것도,

그것을 녹기 전에 사진 찍는 것도, 쉽지 않았다. 손가락은 얼고 옷은 젖어갔지만 그건 중요하지 않았다.

수십 번의 시도 끝에 결국 마음에 드는 몇 장면을 사진으로 남겼다. 역시 눈 결정의 모양이 '완벽'하지는 않았다. 처음 눈송이를 보았던 그 순간이 떠올랐다. 나는 어쩌면 앞으로도 완벽한 형태의 눈송이를 결코 볼 수 없을지 모른다. 하지만 그 어떤 것이라 해도 이 세상 단 하나 밖에 없는, 유일한 형태의 눈송이라는 것만은 분명하다. 저마다 '그렇게' 만들어진 이유와 조건이 있다. 나는 그저 눈송이를 마주하며 변함없이 놀라움과 경이로움을 느낄 뿐이다.

겨울이 올 때마다, 다시 그런 순간이 찾아오기를 나는 기다린다.

햇빛과 물방울이 만나면
생기는 것은?

딱 10년 전 한여름이었다. 무척이나 뜨거운 날이었다. 한낮을 지나자 소나기가 굵은 빗방울을 쏟아냈다. 하지만 비는 금세 그치고 쨍한 오후 햇살이 다시 도시를 가득 메웠다. 나는 학원에서 중학생에게 과학을 가르치고 있었다. 교실에 들어서는 아이들 이마에는 땀이 가득했다.

이 더운 날 쉬라고 있는 방학에도 공부를 해야 하는 처지가 안쓰러웠다. 마음 같아선 "오늘 같은 날은 그냥 쉬거나 신나게 놀자!"라고 말하고 싶었지만, 목구멍이 포도청인지라 묵묵히 문제집을 펼칠 뿐이었다.

이런 내 마음을 용케 읽은 것일까. 아이들은 그날따라 수업에 집중하지 못하고 자꾸 딴청을 피웠다. 따끔하게 주의를 주고서 문제를 풀게 했다. 다행히 모두 고개를 숙였다. 창가에 앉은 단 한 아이만 빼고. 그 아이는 창밖에 둔 시선을 도무지 거둘 줄을 몰랐다. 무엇이 있기에? 궁금해서 창가에 가보았다. 그 아이가 넋을 놓고 보고 있던 것은 무지개였다. 아주 선명하고 커다란!

햇빛과 물방울, 단 두 가지 재료로 이토록 아름다운 작품을 만들 수 있는 이가 있을까? 재료도 간단하지만 두 재료가 만나 무지개를 이루는 방법 역시 아주 간단하다. 굴절-반사-굴절, 이 과정만 거치면 된다.

햇빛이 공중에 떠 있는 물방울에 가닿으면 일부는 표면에서 바로 반사돼 공중으로 흩어지고 일부는 물방울 속으로 들어간다. 물방울 속으로 들어갈 때 빛이 살짝 꺾이는데 이것을 굴절이라 한다. 굴절된 빛은 물방울 안에서 한 번에서 많게는 서너 번까지 반사되다가 다시 물방울 밖으로 나온다. 이때 다시 한 번 굴절이 일어난다.

태양 빛에는 여러 파장의 빛이 서로 섞여 있다. 흔히 말하는 자외선과 가시광선, 적외선, 엑스선 등이 모두 태양 빛이다. 이 가운데 가시광선에는 우리가 눈으로 볼 수 있는 모든 색이 담겨 있다. 가시광선이 물방울에 들어올 때 색깔마다 꺾이는 정도가 달라진다.

예를 들어, 빨간색 파장은 살짝 꺾이는 데 반해 푸른색 파

장은 많이 꺾인다. 매질을 지나는 속도가 파장마다 다르기 때문이다. 그래서 물방울에 부딪힐 때는 하나로 뭉쳐 있던 가시광선이 물방울을 만나 꺾이는 각도가 달라지면서 색깔이 나뉜다. 이것이 하늘에 나타난 것이 바로 무지개다. 물방울이 공중에서 프리즘 역할을 하는 것이다.

서양에서는 뉴턴이 무지개를 일곱 색으로 구분한 이후 계속 그렇게 받아들여지고 있다. 반면, 동양에선 오색으로 본다. 어느 쪽이 맞을까? 둘 다 틀렸다. 무지개의 색은 '셀 수 없이 많다'가 정답이다. 과학 시험에 종종 등장하는 문제다.

풀라는 문제는 풀지 않고 무지개를 넋 놓고 바라보는 그 애에게 나는 야단을 칠 필요가 없었다. 바로 그 순간이야말로 아이들과 무지개의 원리에 대해, 빛의 반사와 굴절에 대해 이야기할 수 있는 절호의 기회일 테니까. 하지만 아쉽게도 그러지 못했다. 나 역시 무지개의 아름다움에 압도되어버렸으니까. 무지개의 원리 대신 나는 평소 외우고 있던 시를 칠판에 적었다. 아이들과 함께 그 시를 읽었다. 그리고 무지개는 지금처럼 비가 온 직후, 해가 떠 있는 곳과 정반대 방향에서만 볼 수 있다고 말해주었다. 해가 있는 쪽만 바라본다면 우리는 결코 이 아름다운 무지개를 볼 수 없을 거라고.

"하늘의 무지개를 바라보면 내 가슴은 뛰노라.
어린 시절에 그러했고 어른이 된 지금도 그러하다.
나이가 들어 그렇지 않다면, 나는 죽으리.
어린이는 어른의 아버지,
원컨대 내 생애의 하루하루가
자연에 대한 경건함으로 이어지기를."

－〈내 가슴은 뛰노라(My hearts leads up)〉, 윌리엄 워즈워스

태풍은 와도
안 와도 문제다

몇 해 전 일이다. 추석 연휴에 제주도로 여행을 갔다. 제주공항에 도착하니 올레길 안내소가 있었다. 그곳에서 올레길 지도를 하나 얻고 이런저런 정보를 듣다가 기가 막힌 소식을 들었다. 내가 제일 먼저 가려고 마음먹은 7코스가 폐쇄되었다는 것이다. 첫날부터 일정이 꼬이는 건가. 그래도 올레길 입구까지는 가보자 싶어 일단 7코스로 가는 버스에 올랐다.

과연, 그곳은 출입구부터 막혀 있었다. 얼마 전 태풍이 제주를 강타해 길이 엉망이 됐단다. 그렇다면 직접 눈으로 확인해봐야겠군. 출입금지 테이프 아래로 기어들어 갔다. 가다가 힘들면 되돌아 나올 심산이었다.

금기가 주는 짜릿함인가? 그곳엔 한없이 잔잔하고 평화로운 바다가 펼쳐져 있었다. 기분이 좋아졌다. 이렇게 아름다운 바닷길을 못 들어오게 막아놓다니. 억지로 들어온 나의 무모함을 셀프 칭찬하며 그렇게 한참을 걸었다.

처음엔 바닷가 자갈밭을 걸었다. 그런데 돌멩이가 점점 커지는가 싶더니 어느 순간 내 몸집보다 훨씬 큰 돌덩이들이 이리저리 나뒹굴고 있었다. 그제야 깨달았다. 역시 하지 말란 짓은 안 해야 하는구나. 뒤돌아가기엔 이미 늦은 일. 그때부터 서너 시간 동안 암벽을 오르내리듯 온몸으로 바위를 타며 걸어야 했다. 태풍의 위력을 만만하게 본 대가였다.

태풍은 태평양에서 생긴 열대저기압을 말한다. 지구 표면 3분의 2를 차지하고 있는 오대양에서 모두 열대저기압이 생기지만 이름은 발생 지역에 따라 다르다.

북태평양 중부와 동부, 북대서양 서부에서 만들어지는 최대 풍속 32.7m/s 이상의 열대저기압을 허리케인, 인도양과 남태평양에서 만들어진 것을 사이클론이라고 한다. 주로 적운이나 적란운에서 발생한 회오리바람인 토네이도는 태풍으로 쳐주지 않는다. 가장 큰 차이는 토네이도는 열대지역이 아닌 온대지역에서 발생하고 태풍의 눈이 없다는 점이다.

적도 근처의 바다에서는 수온이 27도 이상으로 올라가면서 엄청난 양의 수증기가 증발한다. 수직으로 솟아오르는 적란운이 만들어지기 쉬운 조건이다. 이 적란운 안에서 소용돌

이치는 바람이 만들어지고, 여기에 고온다습한 남동풍과 북반구에서 불어오는 북동풍이 만나 더 큰 소용돌이를 만든다. 이 구름과 바람의 소용돌이가 더 발전하면 열대저기압이 된다. 열대저기압은 한 방향으로 회전하는데, 지구 자전의 영향으로 북반구에서는 반시계방향으로, 남반구에서는 시계방향으로 돈다.

태풍에는 저마다 이름이 있다. 같은 지역에 하나 이상의 태풍이 존재할 수 있어 태풍 예보에 혼돈을 주지 않기 위해 붙인 것이다. 처음 태풍에 이름을 붙인 곳은 호주였다. 호주의 기상예보관들이 태풍에 자신이 싫어하는 정치인의 이름을 붙인 것이 발단이었다.

제2차 세계대전 이후에는 미국에서 공식적으로 태풍에 이름을 붙였는데 이때의 예보관들은 얄궂게도 자신의 아내나 애인의 이름을 사용했다. 하지만 이는 명백한 여성 혐오이며 성차별이었다. 그래서 1978년 이후부터는 남녀 이름을 번갈아 사용하다가 1999년까지 미국 태풍합동경보센터에서 정한 이름을 불렀다. 2000년부터는 태풍 이름을 서양식에서 태풍위원회 회원국이 정한 각 나라의 고유 언어로 바꿔 사용하고 있다.

우리나라에서는 개미, 나리, 장미, 노루, 제비, 미리내, 너구리, 고니, 메기, 독수리 등 열 개를, 북한에서도 기러기, 도라지, 갈매기, 무지개, 메아리, 종다리, 버들, 노을, 민들레, 날개 등 열 개 이름을 태풍 이름으로 제출해 사용하고 있다.

일기예보에서 태풍이란 말이 나오면 우리나라를 지나갈지 피해는 얼마나 될지 신경이 곤두선다. 태풍으로 피해를 입는 이들을 떠올리면 가슴이 아프다. 하지만 지구 입장에서 보면 태풍은 없어서는 안 되는 자연스런 현상이다. 적도지방은 태양 빛을 많이 받아 늘 뜨겁다. 반대로 극지방은 차갑다. 태풍은 한 지역에 몰린 열을 분산시켜 균형을 찾는 중요한 방책이다.

얼핏 생각하면 태풍이 여름에만 생기는 것 같지만, 그건 우리나라 얘기다. 태풍은 언제나 생길 수 있고 다만 지나가는 길이 어디냐의 차이일 뿐이다. 태풍이 생기는 건 어쩔 수 없다. 그러니 태풍을 정확히 예측해 대비하는 것이 더 중요하다.

자연은 얼핏 아름다워 보이지만 그 속에 살아가는 생명에겐 한 치의 자비로움이 없고 때론 무자비하기까지 하다. 모든 생명에게 운명과도 같은 것이며, 이들에게 자연은 치열한 삶의 터전이다. 그걸 깨닫지 못하고 살아간다는 건, 그만큼 자연으로부터 멀어져 있다는 의미일 것이다.

7코스를 죽을 고생을 하며 겨우 빠져나왔다. 그런데 다음 날부터 다시 비가 내리고 바람도 세게 불었다. 뭔가 심상치 않다 싶었는데 뉴스를 보니 일본 쪽에서 태풍이 오고 있다 한다. 우비를 입고 성산일출봉을 오르는데 옷과 신발이 다 젖었다. 등산복 광고에선 모델들이 바람막이 하나만 입고도 태풍 속에서 잘만 걷던데, 나는 뭐가 잘못된 걸까. 참 험난한 제주여행이었다.

자전축과 가을 타는 사람의
흥미로운 상관관계

오랜만에 가족들과 엄마네 집 옥상에서 저녁을 먹기로 했다. 한창 제철을 맞은 새우로 소금구이를 하면 좋겠다 싶어 가까운 어시장으로 향했다. 그런데 시장을 코앞에 두고 길이 꽉 막혔다. 겨우 주차장에 차를 대고 들어선 시장 안은 사람들로 난리법석. 결국 식사시간에 한 시간이나 늦었다. 부랴부랴 삼겹살과 새우를 굽다보니 야속하게도 해는 뉘엿뉘엿 져버리고 컴컴한 하늘엔 반달만 남았다. 휴대폰 빛에 의지해 고기를 뒤집고 새우껍질을 벗기면서, "아니, 해가 언제 이렇게 짧아졌어?" 하는 소리가 절로 나왔다.

생각해보니 그날은 밤과 낮의 길이가 같은 추분(양력 9월 28일 무렵)이 지난 지 벌써 열흘이 넘은 때였다. 이때부터 동지까지 세 달 동안 낮 길이는 점점 짧아진다.

밤낮의 길이가 달라지는 이유는 계절이 변하는 이유와 같다. 지구의 자전축이 공전궤도면을 기준으로 약 66.5° 기울어져 있기 때문이다. 지구본을 떠올리면 이해하기 쉽다. 자전축은 북극과 남극을 직선으로 연결한 것으로 지구는 이 축을 중심으로 하루 한 바퀴씩 자전한다. 또, 지구본은 늘 삐딱하게 기울어져 있다. 지구본을 어느 방향에서 보느냐에 따라 이 기울기의 방향이 달라지는데, 이해하기 쉽도록 지구본의 방향을 오른쪽에서 왼쪽으로 기울어지도록 고정했다고 가정을 해보자.

오른쪽으로 기울어진 똑같은 모양의 지구본이 4개 있다고 상상한다. 이 지구본을 왼쪽, 오른쪽, 위, 아래, 네 방향에 각각 떨어트려 놓아둔다. 한가운데엔 전구를 하나 켜둔다. 이제 전구가 지구본의 어느 부분을 많이 비추는지 들여다보면 된다. 왼쪽에 있는 지구본부터 살펴보면, 전구 빛을 가장 많이 받는 부분은 지구본의 오른쪽 윗부분일 것이다. 제자리에서 지구본을 살살 돌려봐도 마찬가지다. 지구의 북반구지역이다. 북반구지역에 햇빛이 많이 오래 비치는 계절, 바로 여름이다.

이제 반대로 오른쪽에 있는 지구본을 살펴볼 차례다. 왼쪽 아래 부분이 전구 쪽으로 가까이 향해 있고, 전구의 빛 또한

가장 많이 받는다. 따라서 남반구가 여름이 된다. 빛이 적게
오는 북반구는 겨울이다.

　마지막으로 위아래에 놓인 지구본을 보면 전구는 적도 부
분을 가장 많이 비춘다. 북반구와 남반구는 햇빛을 사이좋게
나눠 갖는다. 지구에 봄과 가을이 온 것이다. 추분을 맞은 지
구는 아래에 놓여 있는 지구본과 비슷한 위치에 있고, 점점
오른쪽으로 이동하는 중이다.

　만일 자전축이 위아래로 곧은 수직이라면 어떨까? 당연히
햇빛은 지구를 골고루 비출 것이고, 적도는 늘 덥고 극지방
은 늘 추울 것이다. 계절이란 말은 애초에 생기지도 않았을
것이다. 여기서 잠깐! 만약 자전축이 기운 상태에서 자전은

하되 지구가 태양 주위를 돌지 않는다면, 즉 공전하지 않는 다면 어떨까?

제자리에서만 빙글빙글 도는 지구에서도 계절의 변화는 역시 찾아볼 수 없을 것이다. 따라서 계절이 변한다는 것은 자전축이 기울어진 증거인 동시에 공전의 증거가 된다.

자전축의 기울기는 단순히 밤과 낮의 길이, 기온의 변화 에만 영향을 미치는 것은 아니다. 가을이 올 무렵 동물들은 털갈이를 하고, 사람의 머리카락 역시 잘 성장하지 않는 휴 지기를 맞는다. 또 기온이 낮아져 체온이 떨어지면 생명유 지에 필요한 에너지를 더 많이 쓰게 되는데 이 때문에 자꾸 단것이 생각나고, 추운 날씨 탓에 움직임은 적어져 살이 찌 기도 한다.

게다가 햇볕을 쬘 수 있는 시간이 짧아지면서 잠을 부르 는 호르몬인 멜라토닌이 늘어나고, 기분을 좋게 하는 세로토 닌은 반대로 감소한다. 가을을 타는 이들이 생기는 이유다. 만약 이 가을, 괜히 눈물이 나고 쓸쓸함에 가슴 한편이 시리 다면 가을을 타는 자신보다는 기울어진 자전축을 맘껏 탓할 일이다.

Part 4

생각보다 별것 아닌
과학 상식

형형색색 밤하늘을 수놓는
불꽃의 원리

어렸을 때 내가 살던 지역에선 해마다 딱 열흘 동안 큰 행사가 열렸다. 4월 초, 벚꽃놀이를 겸한 군항제를 하는 것이다. 그 기간만큼은 한적하던 시내 곳곳이 전국 각지에서 모여든 장사꾼과 구경꾼으로 붐볐다. 대여섯 살 무렵 처음 간 군항제에서 나는 그림책에서만 보던 바나나의 실물을 처음 봤다.

손으로 자갈을 내리쳐 깨트릴 수 있다는 뺑쟁이 약장수의 이야기도 들었고, 엄마와 함께 들어간 천막극장에선 머리는 사람, 몸통은 뱀이라는 정체불명의 괴생물체(?)가 무대에 올라오는 것도 보았다. 속임수가 분명했겠지만 그 괴생물체가 무엇이었는지 지금은 알 방법이 없다.

으스스하고 낯설었던 천막극장을 나오니 밤이 되었다. 엄마 아빠의 손을 잡고서 어른들의 등과 발만 겨우 보이는 길을 걷다가, 참새구이 연기가 피어오르는 포장마차를 지나 어느 곳에 이르렀을 때 펑펑 하는 큰 소리가 났다. 하늘에선 불꽃이 번쩍번쩍했다. 생애 처음 불꽃놀이를 본 순간이다.

당시 불꽃놀이는 지금과 비교하면 모양도, 색깔도, 참 소박했다. 빨간색, 녹색, 파란색, 흰색 등 단색 불꽃이 쫙 퍼지는 정도였다. 그래도 물감도 아닌 불꽃에서 그렇게 알록달록한 색이 난다는 게 그렇게 신기할 수가 없었다. 낮 동안의 낯선 체험과 기이한 장면들이 불꽃과 함께 어둠 속으로 사라져버리는 것 같았다.

불꽃놀이는 밀폐된 통 안에 폭발성 화약을 채워 넣고 불을 붙여 공중에서 태우는 것이다. '타는 것'을 다른 말로 '연소'라 하는데, 연소란 어떤 물질이 산소와 빠르게 결합해 빛과 열을 내는 것을 말한다. 산소가 없으면 물질은 타지 못한다.

화약의 재료는 생각보다 아주 간단하다. 숯가루(15%), 황(10%), 그리고 질산칼륨(75%)만 있으면 된다. 화약에서 숯은 연료로 쓰인다. 숯은 탄소덩어리로, 탄소는 산소와 쉽게 결합해 연소가 잘 이뤄지는 물질이다. 그래서 웬만한 연료에는 탄소가 포함돼 있다. 황은 숯과 질산칼륨이 밀착하도록 돕는 역할을 한다. 황은 온천이나 화산 부근에서 쉽게 발견할 수 있는 원소다. 폭죽을 터트릴 때 매캐한 냄새가 나는 건 연기

로 변해버린 황 때문이다.

가장 많은 양을 차지하는 질산칼륨(KNO_3)은 화약을 화약답게 만드는 중요한 성분이다. 질소(N)와 산소(O), 칼륨(K)으로 이뤄진 이 분자는 탄소를 포함한 물질이나 황과 결합하면 폭발하는 성질이 있다. 또 질산칼륨에 열을 가하면 산소가 따로 떨어져 나오는데, 밀폐된 통 안에서 숯이 무리 없이 활활 타는 데 이 산소가 쓰인다. 질산칼륨이 산소를 공급하는 산화제 역할을 하는 것이다.

그래서 산소가 아주 희박한 우주 공간에서도 불꽃놀이를 즐길 수 있다고 한다. 미국 캔자스주립대학교의 화학자 스테판 보스먼 박사는 폭죽 안에 산소를 발생시키는 질산칼륨이

들어 있어서 외부의 산소 없이도 연소가 가능하다고 했다. 하지만 우주에서는 폭죽이 터지는 소리를 들을 수가 없다. 소리는 파장의 일종이어서 이를 전달하는 매질이 있어야 하는데, 우주 공간에는 공기나 물 등 적당한 매질이 없기 때문이다.

불꽃의 색은 화약에 어떤 금속이 섞여 있느냐에 따라 달라진다. 금속 원소는 독특한 성질을 갖고 있는데, 금속이 포함된 액체를 불꽃에 넣으면 금속별로 고유한 색의 빛을 볼 수 있다. 이를 불꽃반응이라 한다.

과학자들은 이 원리를 이용해 금속이 탈 때 나타나는 빛을 분광기*에 넣고 분산시켰다. 금속이 지닌 독특한 빛을 더 자세하고 세밀하게 관찰함으로써 그때까지 발견하지 못했던 새로운 원소의 실체를 확인할 수 있게 되었고, 이들은 원소주기율표의 빈칸에 차곡차곡 채워 넣어졌다.

불꽃반응의 원리는 태양이 어떤 원소들로 이뤄졌는지 알아내는 데도 요긴하게 쓰였다. 태양에서 방출되는 빛을 분광기에 통과시켜 이미 발견한 원소들의 것과 비교하는 것이다. 1868년 프랑스 천문학자 피에르 장센(Pierre Janssen)은 개기일식** 때 얻은 태양빛에서 지구에서는 볼 수 없었던 새로운

---

* 물질이 방출하거나 흡수하는 빛의 스펙트럼을 계측하는 장치.
** 태양-달-지구가 일직선으로 놓이게 되면서 태양의 전부 또는 일부가 달에 의해 가려지는 현상.

원소의 존재를 발견했다. 그는 이 원소를 태양을 뜻하는 그리스어 헬리오스(helios)의 이름을 따 '헬륨'이라 명명했다.

우리가 불꽃놀이에서 보는 진한 붉은색은 리튬, 노란색은 나트륨, 청록색은 구리가 내는 색이다. 어린 날 하늘에서 본 바로 그 색들이다. 독일의 철학자 테오도어 아도르노(Theodor Adorno)는 "불꽃놀이는 예술의 가장 완전한 형태다. 완성의 순간에 보는 이의 눈앞에서 사라져가기 때문"이라고 말했다.

아름다운 것들은 곁에 두고 오래오래 보고 싶지만 안타깝게도 그럴 수 없다. 불꽃이 사라진 자리엔 이런 아쉬움이 남는다. 그래서 우린 그 다음의 불꽃을 또 다시 기대하고 기다리는지도 모른다.

물이 어는 온도,
얼음이 녹는 온도

나는 무릎에 상처가 많다. 40년 동안 수도 없이 넘어지며 차곡차곡 쌓인 상처들이다. 성격이 급한 탓인지 조심성이 없는 탓인지 나는 어렸을 때부터 마흔이 넘은 지금까지 마치 연중행사를 치르듯 꼭 한 번씩 넘어진다.

이런 내게 겨울은 거리 곳곳이 살얼음판이 된다. 신발은 무조건 낮은 것, 밑창이 닳지 않은 짱짱한 것만 신는다. 눈까지 내리면 그야말로 바지에 뭐 싼 사람처럼 엉거주춤한 자세가 된다. 나이가 들면서 혹 뼈라도 다치면 어쩌나, 점점 넘어지는 게 무섭다. 눈 내리는 거리를 바라보는 건 좋지만 눈이 쌓이는 건 싫은, 이중적인 감정이 든다.

눈이 올 때 길이 얼어붙지 않도록 하는 방법은 없을까. 가장 좋은 건 눈이 오는 족족 쓸어버리는 것이다. 하지만 현실적으로 불가능하다. 그래서 지자체에선 제설 장비를 매단 트럭으로 눈을 길가로 밀어낸다. 제설차가 들어설 수 없는 곳은 어쩔 수 없이 사람 손이 가야 한다. 눈이 녹다가 다시 얼어 두껍게 꽝꽝 얼어버린 경우라면 빗자루로는 해결이 안 된다. 다른 방법을 찾아야 한다.

이럴 때 사용하는 것이 염화칼슘($CaCl_2$)이다. 염화칼슘은 탄산칼슘($CaCO_3$)과 묽은 염산(HCl)을 반응시켜 얻을 수 있는 화합물이다. 얼음 위에 염화칼슘을 뿌리면 공기 중의 수분을 흡수해 스스로 녹아 얼음(물 분자) 틈으로 스며든다. 염화칼슘이 섞인 얼음은 녹아서 물이 되고, 이 물은 웬만해선 다시 얼지 않는다. 어는점이 낮아졌기 때문이다.

액체에서 고체로 상태변화가 일어나는 온도를 어는점이라고 한다. 물질마다 고유한 어는점을 가지고 있는데, 물에 소금과 같은 염류가 들어가면 어는점이 낮아진다. 물 1ℓ에 소금 58g이 녹아 있으면 어는점은 영하 5.6℃로 내려간다. 그냥 물은 0℃에서 얼지만 소금물은 영하 5.6℃가 되어야 얼기 시작한다는 뜻이다.

염화칼슘은 이보다 어는점을 더 낮출 수 있다. 염화칼슘과 얼음 비율을 잘 맞춰 섞으면 최대 영하 54.9℃까지 어는점이 내려간다. 우리나라는 아무리 추워도 높은 산꼭대기가 아니고서 웬만해선 영하 20℃ 아래로 기온이 떨어지지 않는다. 그래서 얼음 위에 염화칼슘을 뿌려놓기만 하면 한겨울에도 얼음이 흐물흐물 녹아버린다.

염화칼슘은 또 다른 기특한 일을 한다. 습기를 빨아들이는 탁월한 재주가 있어 제습제로도 쓰인다. 시중에 판매되는 제습제의 성분표를 보면 염화칼슘 100%라고 쓰여진 제품도 있다. 그러니 사용이 끝난 제습제 통에 염화칼슘을 넣고 위에 얇은 부직포를 붙이면, 간단히 훌륭한 제습제를 만들 수 있다. 염화칼슘은 인터넷에서도 쉽게 구할 수 있다.

소금이나 염화칼슘이 얼음을 녹이는 원리를 적용해 다시 물을 얼음으로 만들 수도 있다. 어떻게 가능할까?

커다란 대접에 얼음 조각을 담는다. 그리고 소금을 솔솔 뿌려 얼음과 섞는다. 비닐봉지에 물이나 음료수를 담아 새어 나가지 않도록 꽉 묶어 얼음 조각이 담긴 대접 속에 넣어둔다(작은 요구르트를 병째로 넣어도 좋다). 이렇게 10여 분쯤 지나면 소금이 섞인 얼음은 어는점이 낮아져 물이 된다. 그리고 중요한 변화가 비닐봉지 안에 찾아든다. 봉지 속 물이 얼음이 되는 것이다.

이유는 '열의 이동'에 있다. 사랑만 움직이는 게 아니다. 열도 끊임없이 이동한다. 얼음이 녹는다는 건 주위에 있는 열을 얼음이 흡수한다는 의미다. 얼음이 열을 흡수한 만큼 주위는 시원해진다. 컵에 얼음을 담을 때 컵이 차가워지는 이유는 컵에 있던 열을 얼음이 먹어버렸기 때문이다. 얼음은 열을 먹어 온도가 올라가면서 녹고, 컵은 얼음에 열을 빼앗겨 차가워지는 것이다.

다시 비닐봉지로 돌아가면, 소금 때문에 어는점이 낮아진 얼음도 어김없이 주위 열을 흡수했다. 여기서는 물의 열을 얼음이 흡수했고, 물은 얼음에게 열을 빼앗겼다. 소금 때문에 주위 온도가 0℃ 아래로 내려가면서 비닐봉지 속의 물이 얼게 된다. 하지만 소금이 섞여 어는점이 내려간 그릇의 물은 얼지 않는다. 열을 사이좋게 주거니 받거니 하면서 서로 상태만 뒤바뀐 것이다.

하지만 아무리 간편하게 얼음을 녹일 수 있다고 해도 도로에 염화칼슘을 마구 뿌려대는 것은 위험하다. 염화칼슘이 녹아 있는 물은 철을 부식시킨다. 또 식물과 곤충, 눈에 보이지 않는 작은 미생물도 이렇게 짠물에선 살 수가 없다. 편리함의 대가가 환경오염을 비롯한 다른 생명의 훼손이라니. 도시의 삶과 다른 생명과의 평화로운 공존은 진정 어려운 것일까?

어벤져스도
못 깨는 달걀

손바닥 위에 날달걀을 올려놓고 엄지를 제외한 네 손가락으로 감싼다. 그리고 있는 힘껏 꽉 쥔다. 어떻게 될까?

1. 손의 열기 때문에 달걀이 익는다.
2. 병아리가 태어난다.
3. 먹는 걸로 장난하면 안 됨. 당연히 깨진다.
4. 꿈쩍도 안 한다.

빨간색과 하얀색 두 가지 색깔이 나오는 치약을 사용한 적이 있다. 치약 몸통을 누르면 하얗고 빨간 치약이 일정한 줄무늬를 이루며 나왔다. 튜브의 앞쪽을 눌러보고, 가운데도 눌러보고 옆구리를 눌러봐도 두 색이 섞이지 않았다. 치약이 좁은 입구로 나오는데 어떻게 두 색이 이렇게 가지런하게 같은 양으로 나올까 무척 궁금했다. 나는 치약 안쪽에 비닐 같은 것으로 공간을 나눠 빨간색과 하얀색 치약이 섞이지 않도록 구분해놓았을 거라 예상했다. 그 장치를 눈으로 확인하고 싶어서 치약을 다 쓰기를 기다려 치약 통을 칼로 갈라봤다.

엥? 안에는 아무것도 없었다. 대신 치약이 나오는 입구 부분이 다른 치약과 다른 점이 있었다. 입구에 빨대처럼 원기둥 모양의 짧은 플라스틱 막대가 박혀 있고, 그 주위로 아주 작은 구멍이 나 있었다. 그리고 치약의 뒷부분엔 하얀 치약을, 치약의 앞부분엔 빨간색 치약을 채워놓고 각각 큰 구멍과 작은 구멍으로 치약이 나오도록 해놓았다.

이것은 파스칼 원리(Pascal's principle)라는 물리현상을 잘 보여주는 장면이다. 움직임이 자유로운 액체와 기체를 물리학에서는 '유체(流體, fluid)'라고 부른다. 흐르는 성질을 강조한 표현이다. 파스칼 원리의 내용은 간단하다. 유체가 꽉 막힌 통 안에 들어 있을 때, 통의 어느 한곳을 누르면 그 압력이 유체 전체에 똑같은 크기로 전달된다는 것이다.

예를 들어, 머리에 바르는 젤 중에는 작은 알갱이가 들어 있는 게 있다. 젤 튜브의 뚜껑을 꽉 닫아놓았을 때, 중간에 박힌 알갱이 하나를 한쪽으로 옮기려고 튜브 여기저기를 아무리 눌러봐도 잘 안 된다. 튜브 안의 헤어젤이 모두 같은 힘을 받으니 알갱이가 움직일 때 알갱이 주위의 젤도 한꺼번에 움직였다가 눌렸던 통이 원래 모양으로 돌아오면 다시 제자리로(역시 한꺼번에) 되돌아오기 때문이다.

두 가지 색깔이 나오는 치약도 같은 원리다. 튜브가 아무리 찌그러져도 그 속에는 빨간색, 하얀색 치약이 나름의 질서를 유지한 채로 눌려 있다. 물론 치약과 젤은 액체는 아니지만 밀폐된 상태에선 같은 움직임을 보인다.

자동차 정비소에서 1t이 넘는 자동차를 작은 힘으로 들어올리는 데에도 이 원리를 이용한다. 아주 간단한 유압장치를 상상해보자. 위아래 입구의 넓이가 100배 차이가 나는 관이 있다. 한쪽은 1cm²로 좁고, 다른 쪽은 100cm²로 넓다.

이 관을 U자로 구부려 물로 가득 채운다. 그리고 양쪽 입구를 코르크 마개로 막는다. 이때 넓이 1cm² 입구 쪽 코르크 마개를 1kg인 돌로 눌러 압력을 가하면, 관 속의 모든 물은 똑같이 넓이 1cm²마다 1kg에 해당하는 압력을 받는다.

그 압력은 넓은 입구에도 그대로 전달된다. 1cm² 당 1kg이니 넓이가 100cm²인 넓은 쪽은 100kg의 압력이 가해진다. 이 말은 즉, 100kg의 물체를 1kg의 힘으로 들어올릴 수 있다는 뜻이다! 자동차 정비소만이 아니라 비행기 날개나 기중기의 팔도 이런 유압시스템으로 움직이고, 자동차 브레이

크도 이 원리로 작동한다. 식도에 음식물이 걸렸을 때 명치 쪽을 누르는 응급처치를 하면 음식물이 입으로 나오는 것도 같은 원리다.

앞서 달걀 문제의 답은 4번이다. 아무리 꽉 쥐어도 꿈쩍도 안 한다. 손가락으로 감싸 쥔 달걀 속은 유체로 가득 차 있다. 흰자, 노른자는 여기저기서 받은 힘을 이리저리 전달하느라 정신이 없다. 결국, 밖에서 미는 힘만큼 안에서도 바깥쪽으로 미는 힘이 생긴다. 달걀을 손가락으로 최대한 고르게 감싸 쥐었기 때문에 깨질 수가 없다. 역시 파스칼 원리가 작동한다.

글을 쓰기 전, 냉장고에 있는 달걀 다섯 개를 하나씩 모두 쥐어봤다. 머리로 아는 것과 실제 경험해보는 건 아무래도 달랐다. 혹여라도 깨지면 어쩌나, 덜컥 겁이 났으니 말이다.

그래서 비닐봉지 안에 달걀을 넣고 엄지를 뺀 나머지 네 손가락으로 있는 힘을 다해 쥐어봤는데, 정말 하나도 안 깨졌다. 내 손아귀 힘이 너무 약한 거 아니냐고 의심할지 모르겠지만 아마 영화 〈어벤져스〉 주인공들이 해도 깨지지 않을 것이다. 쥐어보면 알게 된다. 고 작은 달걀 하나가 얼마나 단단한지.

양은냄비에 끓인 라면이
더 맛있는 이유

뜬금없이 질문을 하나 하고 싶다. 만약에 추운 날 바깥에서 누군가를 기다리고 있다고 상상을 해보자. 상대방이 30분 늦겠다는 메시지를 보냈다. 근처에 카페도 없고 다리가 아파서 서 있기가 힘든 참에 주위를 둘러보니 나무의자와 금속의자가 있다. 당신이라면 어느 의자에 앉겠는가?

아마 대부분 나무의자를 떠올렸을 것이다. 금속의자는 나무의자보다 더 차가울 테니까. 추운 날씨에 둘 다 똑같이 바깥에 있었는데, 왜 내 엉덩이는 두 의자에서 온도 차를 느끼는 걸까? 나무의자가 금속의자보다 표면 온도가 더 높을까?

사실, 그렇지 않다. 두 의자의 온도는 아마 그날 기온과 같을 것이다. 다만 우리 몸이 다르게 느낄 뿐이다. 열이 이동하는 속도 때문이다.

열은 온도가 높은 쪽에서 낮은 쪽으로 이동하는데, 크게 세 가지 방식이 있다. 햇빛이 지구를 따뜻하게 하는 방식, 물이 끓는 방식, 냄비가 데워지는 방식이 그것이다.

태양과 지구 사이엔 거의 아무것도 없다. 그런데도 태양열이 지구에 아주 잘 전달된다. 이렇게 중간 매개체 없이 열이 직접 전달되는 방식을 '복사'라고 한다. 두 번째로, 물은 뜨거운 것은 위로 올라가고 차가운 것은 아래로 내려오는 열의 성질에 의해 열을 전달한다. 물질이 직접 이동하면서 열을 전달하는 것이다. 이런 방식을 '대류'라고 한다. 공기가 데워지는 것도 이 방식이다.

마지막으로 냄비가 데워질 때는 열이 냄비를 타고 이동한다. 온도가 높은 쪽의 분자가 빠른 속도로 진동해 온도가 낮은 분자와 충돌하면서 열에너지를 전달하는 것이다. 즉, 분자 충돌에 의해 열이 이동한다. 이렇게 중간 매개체를 통해 열이 전달되는 방식을 '전도'라고 한다. 숟가락을 뜨거운 국그릇에 넣어두면 나중에 손잡이도 뜨거워지는 것과 같은 이치다.

열이 전도될 때에는 중간 매개체 종류에 따라 열을 전달하는 속도에 차이가 난다. 금속 종류는 열을 전달하는 속도, 즉 열전도율이 높다. 높은 쪽의 열을 낮은 쪽으로 빨리 전달

한다는 뜻이다. 쇠로 된 의자와 내 엉덩이가 만나면, 차가운 쇠가 내 몸의 열을 빠르게 빼앗아간다. 나무는 그에 비해 수백 배 천천히 야금야금 열을 가져간다. 내가 잘 느끼지 못할 만큼.

라면을 양은냄비에 끓였을 때 가장 맛있다고 하는 것도 바로 이 열전도율 때문이다. 알루미늄으로 만든 양은냄비는 다른 것에 비해 열전도율이 높아 가스불의 높은 온도를 물로 빨리 전달한다. 면을 넣을 때 물의 온도가 살짝 내려가더라도 금세 다시 팔팔 끓게 만들 수 있다. 그래서 면발이 붇지 않고 쫄깃해진다.

또 물개나 고래처럼 사람과 체온이 비슷한 정온동물*이 한겨울 얼음장이나 마찬가지인 바닷속에서도 체온을 유지할 수 있는 것도 열전도율과 관계가 깊다. 지방은 물에 비하면 열전도율이 낮은데 이들은 몸에 넉넉한 체지방을 두르고 있어, 몸의 열을 밖으로 전달하지 않는 것이다.

여름에 대나무로 만든 죽부인을 껴안고 잠을 청하는 것에도 이 원리가 작용한다. 대나무는 다른 나무에 비해 열전도율이 두 배나 (높아서 / 낮아서), 우리 몸의 열을 빠르게 빼앗아간다. 당신이 선택한 답은?

(답 : 높아서)

---

* 외부의 온도에 상관없이 체온을 항상 일정하고 따뜻하게 유지하는 동물.

우주복에
구멍이 뚫린다면?

동지에 맞춰 팥죽을 끓여볼 생각이었다. 전날부터 팥을 물에 담가 불려두었다. 팥은 두세 시간은 삶아야 푹 무른다는데 난 마음이 급했다. 연일 이어진 송년회로 피곤했기 때문이다. 잠잘 시간도 부족한 마당에 왜 팥죽을 끓여 먹겠다고 한 건지, 내 섣부름을 탓해봐도 이미 팥은 물에 담겼다. 어떻게든 처리를 해야 한다. 그래서 최대한 빨리 팥을 삶을 비장의 무기를 꺼냈다. 바로 압력솥이다.

압력솥에 팥과 물, 소금을 넣고 추가 흔들흔들하며 시끄러운 소리를 내면 잠시 후 불을 끄면 된다. 김이 다 빠질 때까지 기다렸다가 팥을 건지면 끝. 시간이 최소 4분의 1은 단축되는 것 같다. 삶은 팥을 으깬 뒤 불려놓은 찹쌀, 물과 함께 다시 압력솥에 넣었다. 죽을 끓일 땐 뚜껑을 열고 천천히 저어주어야 하지만, 피곤해서 눈알이 빠지기 직전인 내겐 1분 1초가 소중했다. 그래서 끓기 시작할 때까지만 뚜껑을 닫기로 했다. 치익 하고 압력솥에 공기와 수증기가 가득 찬 소리가 났다. 죽이 압력 추의 작은 구멍으로 삐져나와 주위가 지저분해지기 전에 얼른 가스불을 껐다.

솥이 조용해질 때까지 몇 분 동안 기다린 뒤 압력 추를 옆으로 젖혀서 증기가 다 빠졌는지 확인했다. 손잡이를 비틀어 뚜껑을 돌리니 솥 안에서 뭔가 움직이는 느낌이 들었다. 뚜껑을 열자 죽이 부글부글 마구 끓고 있었다. 가스불을 끈지도 몇 분이 지났는데, 뚜껑을 열자 잠잠하던 죽이 다시 끓기 시작한 것이다. 어찌된 일일까?

물체에는 끓는점이란 게 있다. 액체 전체에서 기화*가 일어나는 온도를 끓는점이라 한다. 끓는점은 물질마다 다른 고유한 값이다. 그래서 정체를 알 수 없는 액체를 끓여 온도를 재보면 그것이 어떤 물질인지 알 수 있다. 물의 끓는점은 100℃다. 하지만 여기엔 단서가 있다. 1atm(기압)에서 책정했을 때 100℃란 이야기다. 기압이 달라지면 끓는점도 바뀐다. 기압이란 공기가 누르는 힘인데, 높은 곳으로 올라갈수

---

* 액체가 기체로 바뀌는 현상으로 기화에는 증발과 끓음이라는 두 가지 현상이 있음.

록 공기가 적어 기압이 낮아진다. 기압이 낮아지면 끓는점도 낮아지는데 한라산 정상에서는 대략 95℃, 그보다 높은 백두산에선 90℃ 정도에서 물이 끓는다.

반대로 기압이 높아지면 끓는점도 따라 올라간다. 압력솥은 공기와 수증기가 밖으로 빠져나가지 못하도록 해 솥 내부의 기압을 높인다. 압력솥 안에서는 대략 120℃에서 물이 끓는다. 높은 온도에서 물이 끓기 때문에 팥이 일반 솥에 비해 빨리 익는다. 달리 말하면, 압력솥 안에서는 100℃에서도 물이 끓지 않는다는 얘기다.

120℃로 펄펄 끓던 죽이 가스불을 끄면 점점 온도가 떨어지면서 끓지 않게 된다. 115℃, 110℃로 천천히 식어가던 중 아직 100℃로 떨어지지 않았는데 솥뚜껑이 열렸다. 뚜껑이 열린 순간, 압력이 낮아지면서 끓는점도 낮아져 다시 죽이 부글부글 끓게 된 것이다.

기압과 끓는점의 관계로 여러 가지 상황을 생각해볼 수 있다. 산에서 밥을 할 때 코펠 위에 돌덩이를 올려놓으면 밥이 더 잘 익는다. 가마솥 밥이 맛있는 건 뚜껑이 무거워 압력솥처럼 내부 압력을 높이기 때문이다. 화산지대에서 솟아오르는 간헐천은 100℃보다 뜨겁다. 지하 깊은 곳의 압력이 높아서다.

조금 엽기적인 상상을 해볼까. 우주 공간은 기압이 아주

낮다. 사람의 평균 체온은 36.5℃. 기압이 낮아질수록 끓는점이 낮아진다면 36.5℃에서 물이 끓는 곳이 있을 것이다. 그 기압에서 만일 우주복이 찢어진다면?

우리 몸의 구성성분 중 70%는 물이다. 기압이 낮아졌으니 물이 끓어 수증기로 바뀔 것이고, 부피가 한없이 커질 것이다. 우리 몸은 풍선처럼 부풀어오른다. 둥실둥실 떠서 우주 어디든 마음껏 항해할 수 있지 않을까? 만화처럼 말이다. 물론 현실에선 그런 상황은 오지 않을 것 같다. 왜냐하면, 우주 공간은 온도가 영하 270℃ 정도 되는데 여행하기엔 좀 춥지 않을까?

관성의 법칙,
엄마는 왜 넘어졌을까?

유치원에 다니는 조카가 생애 첫 달리기 시합을 했다. 3등을 했다는 말에 괜히 뿌듯해지려는 순간 세 명이 달렸단다. 게다가 2등과 차이가 꽤나 많이 났다고 한다. 마음만큼 몸이 따라주지 않았다는 것에 조카는 꽤 상심한 모양이다. 난 조카가 용기를 냈으면 했다.

그래서 "너희 엄마는 운동회에서 처음 달리기했을 때, 꼴찌로 달리다가 마지막에 혼자 픽 넘어지기까지 했어"라고 말해주었다. '넘어졌다'는 말에 조카가 빙긋 웃더니 고개를 갸우뚱하며 물었다. "난 안 넘어졌는데 엄마는 왜 넘어졌어?" 글쎄다. 왜 넘어졌을까?

과학적인 이유를 대자면 관성 때문이다. 관성은 물체가 운동 상태를 유지하려는 성질이다. 움직이는 물체는 계속 그 방향과 속도로 움직이려 하고(운동관성), 정지해 있는 것은 계속 제자리에 멈춰 있으려고 한다는(정지관성), 뉴턴 제1법칙이다. 이 법칙에 의하면 한 번 움직이기 시작한 물체는 계속 영원히 움직인다. 단 중요한 조건이 있다. 외부의 힘이 없어야 한다는 것이다.

바닥에 쇠구슬을 굴리면 언젠가는 멈춘다. 바닥과 쇠구슬 사이 마찰력이라는 외부의 힘이 존재하기 때문이다. 수직으로 던져 올린 공은 얼마 지나지 않아 땅으로 떨어진다. 지구에서 공중에 떠 있는 모든 물체엔 중력이란 힘이 작용하니 말이다. 가만히 있던 것이 아무 힘도 주어지지 않았는데 움직이면 '귀신인가?' 싶은 생각이 드는 것도, 알게 모르게 관성을 이해하고 있기 때문이다.

달리던 꼬마 발부리에 돌멩이가 걸리는 순간, 돌멩이는 외부의 힘으로 작용한다. 발은 돌에 걸려 순간 멈췄는데 몸은 계속 앞으로 나가려고 한다. 그러니 몸이 쓰러질 수밖에. 관성이 없다면 우린 옷에 붙은 먼지 하나 털어낼 수 없다. 옷을 탁탁 치면, 옷에 붙어 있던 먼지는 제자리에 있으려고 하지만 옷은 빠르게 움직인다. 먼지는 정지관성으로 어쩔 수 없이 공중에 붕 뜨게 된다. 벽에 걸린 두루마리 휴지를 한 손으로 끊을 수 있는 것도 바로 정지관성 덕분이다.

관성은 물리법칙이지만 정신에도 작용을 하는 것 같다. 난데없는 로켓 얘기를 좀 하자면, 2007년 발사된 우주왕복선 인데버호는 미국 서부의 유타주 농장에서 남부 플로리다주의 미항공우주국 발사대까지 기차로 옮겨졌다. 기술자들은 추진 로켓을 조금 더 크게 만들고 싶었지만 폭 1.5m를 넘을 수 없었다. 기차 터널을 통과해야 했기 때문이다.

기차선로의 폭은 약 1.435m. 기차선로는 예전 마차 선로였다. 그런데 이 마차 선로는 2000여 년 전 로마군이 자신들의 전차 폭에 맞춰 만든 것이었다. 그렇다면 로마군은 무엇을 기준으로 마차 선로를 만들었을까?

바로 마차를 끌던 말 두 마리의 엉덩이 폭이다. 말 엉덩이 두 개가 결국 추진 로켓의 크기로 이어진 것이다. 이런 경향을 '경로의존성'이라 한다. 한 번 일정한 경로에 의존하기 시작하면 나중에 그 경로가 비효율적이라는 사실을 알고도 여전히 그 경로를 벗어나지 못하는 것을 뜻한다. 이른바 정신적 관성이다.

스탠퍼드대학교의 폴 데이비드 교수와 브라이언 아서 교수는 이 성질을 컴퓨터 자판 배열로 설명한다. 우리가 사용하는 대부분의 키보드는 좌측 상단에 영문 QWERTY 순으로 배열돼 있다. 이것은 수동 타자기를 사용하던 시절, 활자를 치는 기계의 팔이 뒤엉키지 않게 타이핑의 속도를 일부러

늦추도록 설계한 것이다. 이후 효율적인 키 배열로 타자기를 바꿔도 사람들은 이미 비효율적인 자판에 익숙해져 새로운 것을 거부했다고 한다.

사람이 넘어질 수 있는 건 관성 때문이라지만 오직 관성 때문에 사람이 넘어진다고는 할 수 없다. 언니가 달리기를 하다가 넘어진 건 아무래도 타고나지 않은 운동신경과 부실한 하체가 원인이지 않았을까 싶다.

여섯 살 조카가 관성의 법칙을 이해하긴 어려우므로, 어쩔 수 없이 후자 쪽 설명을 해줄 수밖에 없었다. 달리기뿐만 아니라 그 밖의 무수히 많은 운동과 체육 실기 시험들을 언니가 어떻게 통과해왔는지를. 조카는 자신이 꼴찌, 아니 3등한 것을 잊은 듯, 한참 웃었다. 그리고 자신이 다치지 않고 달리기를 마쳤다는 것에 충분히 만족해했다.

우주에서 발길질을 하면
어떻게 될까?

오래전 학원에서 중학생 아이들에게 과학을 가르칠 때였다. 관성의 법칙에 대한 설명을 가만히 듣고 있던 아이가 내게 질문을 했다. "우주에선 마찰력도 중력도 없으니 한 번 움직이면 끝없이 가겠네요?" "그럼, 당연하지." "사람을 발로 뻥 차면 계속 멀리 날아가죠?" "그렇지. 근데 왜?" 얘기인즉, 학교에 꼴 보기 싫은 친구가 있는데 우주 공간에 데리고 나가 발로 뻥 차버리고 싶다는 것이다. 우주 끝까지 날아가도록.

참 기발한 상상이지만 난 그 아이에게 안타까운 말을 전할 수밖에 없었다. "네가 그 친구를 뻥 차는 순간, 너 역시 뒤로 날아가게 된단다. 영원히. 우주엔 관성의 법칙만 있는 게 아니라 작용과 반작용이라는 법칙도 있거든."

상상을 해보자. 어느 날 외계인이 나타나 당신을 납치한 뒤 '마찰력이 거의 없는' 빙판 한가운데에 떨어뜨려 놓았다. 외계인의 목소리가 들린다. "이 빙판을 벗어나면 너에게 지구보다 아름다운 행성을 하나 주겠다. 그리고 우주선과 멋진 애인도 만들어주겠다. 대신, 못하면 널 우주로 데리고 가 평생 노예로 삼겠다."

당신은 '그까이꺼'라고 중얼거리며 자신만만하게 오른쪽 발을 앞으로 뻗었다. 그런데 이게 웬일! 오른발이 빙판에 닿기도 전에 왼발이 뒤로 밀려 미끄러졌다. 아주 조심스럽게 다시 일어나 오른발을 천천히 앞으로 내디뎌 힘을 줘 걷는 순간, 제자리에서 오른발은 뒤로, 왼발은 앞으로 밀려나왔다. 당신은 조금도 앞으로 가지 못하고 제자리에서 오른발 왼발만 서로 왔다 갔다 할 뿐이다. 외계인은 당신을 통해 뉴턴이 밝힌 작용과 반작용 법칙을 눈으로 이해하게 된다.

시대의 과학자 아이작 뉴턴(Isaac Newton)은 세 가지 운동 법칙을 그의 위대한 저서 《프린키피아(자연철학의 수학적 원리)》에서 수학식으로 증명해냈다. 물체는 미는 방향으로 움직이는데 이때 미는 힘에 비례하고 질량에 반비례한 가속도가 생긴다는 가속도의 법칙, 움직이는 물체는 다른 힘이 주어지기 전에는 직선을 따라 일정한 속도로 움직이게 된다는 관성의 법칙, 그리고 모든 작용에는 크기가 같고 방향이 반대인 반작용이 있다는 작용 반작용의 법칙이 그것이다.

알려진 대로 뉴턴은 이상한 사람이었다. 빌 브라이슨의 《거의 모든 것의 역사》엔 뉴턴의 평범하지 않은 성격과 주위 과학자들과 교류하던 이야기가 나온다. 그는 상상할 수 없을 정도로 총명했지만 혼자 있기를 좋아했다. 가죽 꿰매는 긴 바늘을 안구와 뼈 사이에 넣고 돌리는 일에 흥미를 붙이거나, 태양을 참을 수 있을 때까지 최대한 오래 똑바로 쳐다본 일도 있었다. 자신의 눈에 어떤 일이 벌어지는지 궁금해서였다고 한다.

그런 그가 《프린키피아》를 펴내는 데 큰 자극을 준 이는 천문학자 에드먼드 핼리(Edmund Halley)였다. 핼리혜성을 발견한 그 핼리다. 핼리는 행성들이 타원 같이 일그러진 궤도를 따라 움직인다는 사실을 알고 있었지만, 왜 그런지 이유를 알 수 없었다. 그는 당시 케임브리지대학교 교수였던 뉴턴을 찾아가 도움을 청했다. 한참 얘기를 하던 도중 핼리는 뉴턴에게 "만약 태양에 의한 힘이 거리의 제곱에 반비례한다면 행성 궤도가 어떤 모양이 될 것 같소?" 하고 물었다. 그러자 뉴턴은 바로 타원이 될 것이라고 말했다. 핼리는 어떻게 알아냈느냐고 물었다. 그러자 뉴턴이 "왜 그러십니까? 계산으로 얻은 것입니다"라는 놀라운 대답을 했다.

핼리는 즉시 계산 결과를 보여 달라고 했지만, 뉴턴은 서류 더미 속에서 그 계산 결과를 찾아낼 수 없었다. 뉴턴은 핼리의 추궁에 못 이겨 다시 계산을 해서 보여주기로 약속을 했고, 이후 2년 동안 연구에 몰두해 마침내 《프린키피아》를 완성한 것이다. 이 책은 천체의 궤도를 수학적으로 설명해주었고 천체들을 움직이게 한 힘인 중력의 개념을 처음 소개했다. 그 당시 의문에 쌓여 있던 우주의 모든 개념을 이해할 수 있는 등대와도 같은 책이었다.

그럼 이제 다시 외계인을 생각해보자. 당신을 납치한 외계인들은 분명 뉴턴의 운동 법칙이 적용되지 않는 머나먼 은하에서 날아온 것이 틀림없다. 그러니 당신을 빙판에 세워놓고 작용 반작용 법칙을 눈으로 확인하려 한 것 아닐까? 그런데 안타깝게도 빙판은 마찰력이 없어 걸어서는 나올 수 없다. 걸으려고 한쪽 다리에 힘을 준 순간, 당신의 몸에서 '힘은 같고 방향은 반대인 힘'이 생겨 다른 쪽 발이 앞으로 쭉 나가버리기 때문이다. 물론 기어서도 나올 수 없다. 그러면 어떻게 해야 빙판 가장자리로 갈 수 있을까?

이땐, 주머니를 뒤져 물건을 찾는다. 아니면 신발이나 옷이라도 벗는다. 그리고 내가 가려는 곳 반대 방향으로 그 물건을 힘껏 던진다. 물건이 날아가는 반대 방향의 힘이 내 몸에 가해진다. 바닥에 마찰력이 없으니 아마 호수 가장자리로 한 번에 쭉 갈 수 있을 것이다.

흐린 날 우울한 건
기분 탓일까?

고등학교 자율학습 시간. 평소 말수가 적고 차분했던 짝이 창밖을 보며 중얼거렸다. "이렇게 흐리고 바람 부는 날엔 밖에 나가서 돌아다니고 싶어." 그러더니 나를 획 돌아보며 말했다. "같이 나갈래?" 헉! 나는 고개를 설레설레 저었다.

사납게 바람이 불고 구름이 잔뜩 낀 날엔 있던 약속도 취소하고 싶은 심정인데, 이 친구는 어느 때보다 설렌 표정이다. 물론 친구는 선생님들의 감시를 뚫고 혼날 위험을 감수하며 교실 밖으로 나갈 만큼 배포가 크지 않았다. 그 자율학습 시간 내내 교문으로 향하는 넓은 길을 바라보고 또 바라볼 뿐이었다.

그때까지만 해도 나는 누구나 맑은 날을 좋아할 거라고 생각했다. 그게 당연했다. 구름이 없으면 비가 올 리 없으니 우산을 챙기지 않아도 되고, 신발이 젖거나 머리가 바람에 휘날려 헝클어지지도 않고 소풍이 취소될 일도 없으니까. 무엇보다 맑은 날 온천지에 햇빛이 내리쬔다는 그 사실만으로도 그냥 좋았다.

그런데 사실 세상에 '그냥'은 없다. 햇볕을 쬐면 우리 몸에선 행복감을 느끼게 하는 호르몬인 세로토닌 분비가 늘어나고, 잠이 오게 만드는 멜라토닌 분비는 줄어든다. 햇빛으로 우리 몸에선 비타민 D도 만들어진다. 별다른 노력 없이 햇볕에 몸을 맡기는 것만으로 기분이 좋아지는 이유다. 이것만이 아니다. 햇빛이 없는 날, 즉 구름이 많은 날은 기압도 낮다. 기압의 변화에 우리 몸은 민감하게 반응한다. 몸속의 공기 때문이다.

압력이 높을 때 기체의 부피는 줄어들고 반대로 압력이 낮으면 기체의 부피는 커진다. 이것을 보일의 법칙(Boyle's law)이라 한다. 차를 타고 산 비탈길을 올라가거나 비행기를 탈 때면 귀가 멍멍해지는데 위로 올라갈수록 기압이 낮아지면서 귓속에 있던 공기가 팽창하기 때문이다. 이럴 때 침을 꼴깍 삼키면 귀 외부와 내부의 기압이 같아져 멍멍함이 사라진다. 얼굴 부위엔 공기가 많은 편이어서 두통이나 안면통을 느끼기도 한다. 보일의 법칙을 상기하며 부드러운 마시지로 통증과 마음을 가라앉히는 게 도움이 될 것도 같다. 만일 수술로 상처를 봉합한 지 얼마 되지 않았다면? 상처 부위가 욱신거릴지도 모른다. 어서 착륙해 기압이 다시 높아지기를 기다릴 수밖에.

굳이 하늘 높이 올라가지 않더라도 구름이 많이 끼고 흐린 날은 평소보다 기압이 낮다. 몸속 공기는 다시 덩치를 부풀릴 준비를 한다. 관절 내 조직의 공기들이 팽창하면서 뼈를 감싸고 있는 신경을 자극한다. 비가 오기 전 무릎이나 발목, 허리가 쑤시고 아픈 이유, 이게 다 보일의 법칙 때문이다.

결국 우리 몸 전체가 기압의 영향을 받는다고 해도 과언이 아니다. 그래서 흐리거나 비가 오는 날엔 대부분 기분이 울적해진다. 이럴 땐 집에서 맛있는 것을 먹으면서 쉬는 게 제일 좋겠지만 그러긴 쉽지 않다. 그래도 날씨와 우리 몸의 관계를 이해하면 그 시기를 지나는 데 도움이 되지 않을까 싶다.

20여 년 전, 기분이 좋지 않았던 어느 스무 살의 여름날 나는 길을 걷고 있었다. 그날따라 장마구름에 꽉 막힌 하늘이 내게 뭔가 이야기를 건네는 것 같았다. 구름이 내게만 드리운 게 아니라는, 누구나 힘든 시기가 있다는, 구름 뒤엔 해가 반짝 빛나고 있다는 메시지가 내게 와닿는 듯했다. 세로토닌이 줄어든 만큼, 내 안의 깊은 우울을 마주할 수 있었던 그날, 고등학교 때의 짝이 떠올랐다.

세상엔 맑은 날을 좋아하는 사람과 흐린 날을 좋아하는 두 종류의 사람이 있다는 걸 새삼 생각했다. 그리고 그날 저녁, 언니에게 이 이야기를 했다. 그러자 언니가 놀랍다는 듯 말했다. "날씨 때문에 기분이 달라진다고? 말도 안 돼. 나는 날씨 때문에 기분이 바뀌진 않는데." 헉, 세상엔 세 종류의 사람이 있구나. 맑은 날 기분이 좋아지는 사람, 흐린 날이 좋은 사람, 그리고 날씨 따윈 상관하지 않는 사람!

부력, 우리가 수영을
잘할 수밖에 없는 힘

나는 수영을 할 수 없을지 모른다는 생각을 해왔다. 초등학교 저학년 때 담임선생님이 "흑인은 물에 뜨지 않는다. 우리와 다른 인종이다. 수영선수 중 흑인이 한 명도 없는 이유다"라고 말한 뒤부터였다.

시골 아이들이 대개 그렇듯, 어릴 때 내 얼굴은 무척 새카맸다. 중학교 1학년 때 인천으로 전학 온 내게 '아프리카 심'이란 별명이 붙었다. 게다가 나는 곱슬머리다. 어쩌면 나는 황인종이라기보다는 흑인에 가까울지 모른다고 생각했다. 돌이켜보면 황당하지만 어릴 땐 별의별 생각을 다 하기 마련이니까.

서른이 다 되어 지인들과 바닷가에 갔을 때 친구가 수영하는 모습을 봤다. 부럽고 멋졌다. 그에게 다가가 물었다. "어떻게 하면 수영을 그렇게 잘할 수 있어?" "누구나 배우면 다 하지." 그는 내게 먼저 물에 떠보기를 권했다. 일단 물에 뜨고 나면 물이 안 무서워지고 그래야 수영을 배울 수 있다는 것이다. "너도 한 번 해봐."

나는 두려웠지만 그의 말을 믿어보기로 했다. 결론부터 말하자면, 그의 말은 맞고 내 생각은 틀렸다. 아니 옛날 담임선생님의 말은 틀렸다. 흑인이 물에 뜨지 않는다는 근거는 어디에도 없다. 단지 인종차별로 흑인들이 물속에 몸을 담글 기회가 없었을 뿐이다. 몸에 근육량이 많거나 뼈가 무거우면 보통 사람보다 물에 잠기는 부분이 더 많겠지만 그렇다고 가라앉을 정도는 아니고, 그 차이도 인종에 의한 것보단 사람 간의 차이가 더 크다. 그러니 세상 모든 사람은 반드시 물에 뜬다.

사람이 물에 뜬다고 자신 있게 말할 수 있는 이유는 사람 몸의 밀도가 물의 밀도보다 작기 때문이다. 밀도는 물질을 이루는 입자가 얼마나 조밀하게 붙어 있는지를 나타내는 말로, 같은 무게의 설탕과 솜사탕의 부피를 떠올리면 이해하기 쉽다. 같은 무게일 때 설탕에 비해 솜사탕의 부피가 훨씬 크다. 설탕 입자들이 솜사탕에 비해 훨씬 조밀하게 붙어 있기 때문이다. 이때 '설탕의 밀도가 솜사탕의 밀도보다 크다'라고 말한다. 달리 말하면, 같은 부피일 때 무게가 더 많이 나가는 물질의 밀도가 더 크다.

밀도만으로 몸이 물에 뜨는 걸 완전히 설명할 수 없다. 지구엔 '부력'이란 것도 있으니 말이다. 액체에 어떤 물체를 넣었을 때 중력은 물체를 잡아당겨 액체 속으로 끌고 들어간다. 그러면 액체는 물체가 들어오는 게 못마땅하기라도 한 듯이 반대 방향으로 밀어내려 한다. 중력의 반대 방향, 즉 하늘 쪽으로 액체가 물체를 밀어올리는 힘을 부력이라고 한다.

물체가 액체 속으로 얼마만큼 들어갈 수 있느냐 하는 것은 밀도가 좌우한다. 물보다 밀도가 큰 것은 중력의 힘을 더 많이 받아 가라앉는다. 반면 물보다 밀도가 작은 물체는 중력보다 부력이 더 커서 뜨게 된다.

밀도의 기준은 액체 상태의 물이다. 액체는 온도에 따라 밀도가 조금씩 달라지기 때문에 4℃에서 물의 밀도를 1g/ml*라고 정해놓았다.

우리 몸의 밀도는 평균 0.97이다. 폐 속의 공기가 밀도를 작게 만드는 데 큰 역할을 한다. 하지만 겨우 0.03 작은 데다 우리 몸의 무게중심은 부력의 영향을 많이 받는 폐보다 더 아래인 배꼽 근처에 있다. 위로 미는 힘(부력)과 아래로 당겨

---

* 밀도=질량/부피, 밀도는 물질의 부피를 같게 해서 이들의 질량을 비교한 것으로 한 물질의 단위 부피당 질량을 의미함.

지는 힘(무게중심)이 살짝 엇갈린다. 이 때문에 자칫 물속에서 균형을 잃고 기우뚱하기 쉽고, 물을 먹고 허우적거리게 된다. 짠물이 입과 코에 가득 들어가고, 낙담하고, 수영하기를 포기하게 된다.

나도 그랬다. 그런데 그날 친구가 가르쳐준 방법은 좀 달랐다. 고개를 뒤로 젖히고 가슴을 내밀면서 발을 공중에 띄워 눕는 것이었다. 몸의 힘은 최대한 뺀 채로. 무게중심을 폐와 일직선에 놓아야 균형이 맞으니 다리는 곧게 펴는 것이 좋다. 폐의 부력을 최대한 이용하는 방법이다.

친구가 옆에서 몸을 받쳐줬다. 처음엔 긴장을 많이 해서 몇 번이나 눕다가 허우적거리며 일어났다. 하지만 결국 나는 물에 떴다! 놀라운 경험이었다. 나는 신이 나서 같이 놀러 간 사람들에게도 이 방법을 알려줬다.

그날 바닷가엔 열댓 명의 사람들이 물 위를 둥둥 떠다녔다. 저마다 자신은 물에 뜰 수 없을 거라며 잔뜩 겁을 먹던 이들이었다. 우린 다 함께 물 위에 누워 하늘과 구름을 바라보거나 눈을 감고 귀에 찰랑이는 바닷물 소리를 들었다. 고요했고 신비롭고 충만했다.

연을 잘 날릴 수 있는
원리

어느 겨울날, 남동생과 나는 집 앞 공터에서 연을 날렸다. 퇴근하시던 아빠가 자전거에서 내리시더니 내게 얼레를 달라고 하셨다. 기껏해야 10m 정도 위에서 뱅뱅 돌기만 하던 연이 줄을 풀었다 당겼다 하는 사이에 아주 높이 멀리까지 날아갔다. 주위가 어둑해지자 연이 보일락 말락 했다. 동생과 나는 점점 작아져가는 연을 넋을 놓고 바라보았다.

생각해보면 가느다란 실 하나로 무겁고 커다란 연을 하늘 높이 띄울 수 있다는 건 마법 같은 일이다. 중력의 법칙이 작용하는 한 공중에 떠 있는 물체는 아래로 떨어지기 마련이니까. 그런데 지구에는 중력의 법칙만 작용하는 것이 아니다. 연날리기에는 크게 두 가지 법칙이 적용되는데 그중 하나가

베르누이 법칙(Bernoulli's theorem)이다.

베르누이 법칙은 '바람의 세기와 압력은 반비례한다'는 것으로, 공기가 빨리 흐르면 압력이 낮아지고, 반대로 천천히 흐를 때 압력이 커진다는 내용이다. 예를 들어 헤어드라이어 입구를 천정으로 향하게 한 후, 그 위에 탁구공을 올려놓고 차가운 강풍이 나오게 하면 탁구공은 공중에 뜬 채 빙글빙글 돈다.

드라이어에서 바람이 세게 나오면 탁구공은 반대쪽으로 떨어질 것이라 생각하기 쉽다. 그런데 이 법칙에 의하면 바람이 세게 나오는 쪽은 저기압이 되고 반대쪽은 자연히 고기압이 된다. 공기는 고기압에서 저기압으로 이동하려는 성질이 있다. 센 바람(저기압) 때문에 반대쪽으로 이동하려던 탁구공은 이내 고기압의 힘에 밀려 다시 제자리로 가게 되고, 이 현상이 탁구공 주위에서 동시다발로 일어나면서 탁구공은 떨어지지 않고 공중에 떠 있을 수 있는 것이다.

비행기에도 이 법칙이 적용된다. 비행기 날개는 위쪽은 둥글고 아래쪽은 평평하게 만들어져 있어, 직선인 아래쪽에 비해 위쪽으로 공기가 빠르게 흐른다. 이때 아래쪽에 고기압이 발생해 날개를 위로 떠받치는 힘이 생기는 것이다. 연도 마찬가지다. 연은 바람 때문에 휜 채 공중에 떠 있는데, 이때 굽은 뒷면으로 공기가 빠르게 움직인다. 아래쪽은 공기 흐름이 느려 고기압이 되고, 이때 연을 위쪽으로 받치는 힘이 작용해 연이 아래로 떨어지지 않게 된다.

연을 멀리 날리려면 여기에 또 하나의 법칙이 더해져야 한다. 실을 얼마만큼 세게 당기느냐, 아니면 실을 풀어 느슨하게 하느냐에 따라 연날리기의 성패가 좌우된다. 연을 멀리 날리기 위해선 실을 무조건 길게 풀어주어선 안 된다. 오히려 잡아당겨야 한다. 겨울철 거센 북서풍을 맞아 공중에 뜬 연을 잡아당기면 연은 이에 대한 반작용으로 더 멀리 뒤로 가려는 힘이 생긴다. 뉴턴 제3법칙인 작용 반작용 법칙이다.

연 하나 날리는 데에 이렇게 복잡한 원리가 숨어 있다. 초등학교 학력이 전부인 아빠는 물론 이 원리들을 머리가 아닌 손끝으로 알고 계셨을 것이다. 그날 아빠는 거짓말 조금 보태 연이 거의 안 보이게 되자 그만 실을 이로 끊어버렸다. 깜짝 놀란 나와 동생을 바라보며 아빠는 "연은 이렇게 날려보내는 거야"하며 웃으셨다. 조금 뻐기는 것처럼 보였던 아빠 모습이 30여 년이 지난 지금도 기억난다.

다시 겨울이 오면 조카들이랑 연을 한번 날려볼까 싶다. 오래전 젊었던 아빠처럼 나도 조카들 앞에서 연줄을 멋지게 끊어볼까? 하늘나라에 계신 아빠께 그렇게라도 오랜만에 편지를 띄워볼까.

깊고 무거운
바다 속으로

오래전 뤽 베송 감독의 영화 〈그랑블루〉가 큰 인기를 끌었다. 나는 영화가 개봉한 지 십여 년이 지난 후 비디오로 봤다. 바다를 사랑한 두 친구가 더 깊이 잠수하기 위해 경쟁을 벌이는 내용이었다.

영화는 경쟁심에 불타던 친구가 자신의 한계를 넘어선 잠수를 강행한 끝에 목숨을 잃고, 이에 상처받은 주인공 역시 깊은 바닷속으로 한없이 빠져들면서 끝난다. 친구가 사망한 이유는 산소통을 사용하지 않은 탓이 크지만 산소통의 도움을 받았다 해도 깊은 바닷속은 위험하다. 물이 누르는 압력 때문이다.

만일 가로, 세로, 높이가 각각 1m인 상자에 물을 가득 채운다면 이 상자를 맨손으로 들어올릴 수 있을까? 근육으로 단련된 사람이라도 불가능하다. 사람이 들 수 있는 무게는 고작 자기 몸무게의 두세 배에 불과하다. 체중이 300kg 정도에 키가 아주 크고 근육으로 단련된 이가 있다면 모르겠지만, 보통 사람이 시도했다가는 허리에 무리를 줘 병원 신세를 져야 할지 모른다. 이 무거운 물속으로 들어가는 것이 잠수다.

지상에선 높이 1500m 산 정상에 올라도 우리 몸이 기압차를 크게 느끼지 못하지만 물속에선 다르다. 물은 공기보다 1300배 정도 무겁다. 그래서 수면으로부터 10m 아래로 내려갈 때마다 1atm(기압)만큼 수압이 올라간다. 30m 아래에선 무려 3atm이 된다.

바다에서 오랜 경험을 쌓은 해녀들은 별다른 장비 없이 수심 20m까지 내려갈 수 있지만 일반인들이 맨몸으로 잠수할 경우 수심 10m 이하로 내려가기는 어렵다고 한다. 스쿠버 장비를 착용한다면 30m까지는 가능하다고 알려져 있으나 그보다 더 깊이 잠수하는 건 위험하다. 몸 안에 있는 질소가 반란을 일으키기 때문이다.

우리는 흔히 숨 쉴 때 산소를 마시고 이산화탄소를 내뱉는다고 생각한다. 이것은 사실이지만 완벽하지는 않다. 공기 중에 가장 부피를 많이 차지하는 것은 질소로 무려 78%나

된다. 그러니 우리가 들이마시는 공기도, 내뱉는 공기도 대부분 질소가 차지하고 산소와 이산화탄소는 그중 일부에 해당한다. 질소는 폐 속으로 들어가 일정 기간 우리 몸에 있다가 날숨으로 밖으로 나온다.

기체는 온도가 낮고 압력이 높은 상태에서 액체에 잘 녹는 성질이 있다. 먹다 남은 콜라나 사이다를 뚜껑을 꽉 닫아 (높은 압력) 냉장고(낮은 온도)에 넣어둬야 하는 이유다. 따라서 바다 밑으로 들어갈수록 압력이 높아져 몸 밖으로 빠져나와야 할 몸속의 질소 기체가 오히려 혈액으로 녹아 들어가게 된다.

만일, 질소가 혈액에 녹아 있는 상태에서 순식간에 수면 위로 올라올 경우 질소는 어떻게 될까? 이 질문은 탄산음료를 마구 흔든 뒤 뚜껑을 열면 어떻게 될지 상상하는 것과 같다. 음료를 흔들면 마찰열로 액체 온도가 올라간다. 이 상태에서 뚜껑을 열어 압력까지 낮추면 액체 속에 녹았던 이산화탄소가 일제히 튀어나와 기포를 만든다. 주변이 엉망진창이 된다.

우리 몸도 마찬가지다. 압력이 급격하게 낮아지면 질소들이 기포를 만들고 이 기포는 혈관을 막는다. 혈관을 타고 이동해야 하는 산소의 이동경로가 차단돼 그만 목숨이 위험해지는 것이다. 사망까지 이르지 않더라도 기포로 변한 질소는 온몸을 돌아다니며 몸 이곳저곳에서 통증을 일으킨다. 이것을 잠수병이라 부른다. 그러면 깊은 바다에 들어간 사람은 어떻게 해야 안전하게 올라올 수 있을까.

답은 역시 탄산음료에 있다. 뚜껑을 아주 천천히 열어 압력을 최대한 조금씩 낮추는 것이다. 물론 깊은 곳으로 아주 빨리 내려갔다가 아주 빨리 올라오면 체내 질소가 미처 혈액으로 녹아 들어가지 못해 아무 이상이 없을 수도 있다. 하지만 상당 시간 머물렀다면 반드시 최대한 천천히 올라와야 한다.

산소통을 메고 들어가더라도 마찬가지다. 사실 산소통이라 불리긴 하지만 산소통엔 산소만 가득 차 있는 건 아니다. 지표 공기에서 산소가 차지하는 비율만큼만 산소가 들어 있다. 다만, 질소는 잠수병을 일으키기 때문에 질소를 대신해 헬륨기체를 넣는다. 헬륨은 혈액에 잘 녹지 않기 때문이다.

우리나라에서 처음 잠수병이 수면 위로 오른 것은 1960년대 미국 뉴욕주립대학교 홍석기 교수가 해녀를 의학적으로 연구하면서부터였다. 맨몸으로 수심 10~20m까지 들어가 해산물을 채취하는 해녀는 오직 한국과 일본에만 있다. 일본 해녀인 '아마(あま)'와 가장 큰 차이는 제주 해녀는 겨울에도 작업을 한다는 점이다.

사실 1970년대 이전까지는 고무 잠수복이 없어 해녀들

너무 급하게
올라가지 마!

은 면으로 된 수영복만 입고 한겨울 바다로 뛰어들었다. 그러는 사이 찬 바닷물에 대한 추위적응력이 커져 추위를 느끼는 온도가 일반인에 비해 무려 4도나 낮았다고 한다. 그러나 1980년대 이후엔 거의 차이가 나지 않게 되었다.

한 연구에 따르면 해녀의 잠수 깊이는 평균 10m 내외로, 최대 2분 이상 숨을 참으며 16m 깊이까지 내려가는 이도 있다고 한다. 하지만 13m 안팎으로 잠수하는 능력을 갖출 때까지 보통 30년 정도가 필요하다. 제주 해녀들이라고 해서 처음부터 해녀가 되기 위한 특별한 체질을 갖추고 태어난 건 아니다. 차고 거친 바닷속으로 수없이 뛰어들며 생계를 이어오는 사이 신체가 점점 단련되었을 뿐이다.

그러나 이들도 잠수병만은 피해가지 못했다. 대부분의 해녀들은 두통과 청력 손상, 중이염, 위장 장애 등 각종 질환을 앓고 있다고 한다. 바다에 산재를 청구할 수도 없는 일. 거친 자연에 몸을 맡기고 삶을 이어온 그들을 나는 이렇게 글로써 기억할 뿐이다.

엄마의 김장 김치가
맛있는 이유

따로 살림을 차린 지 20년이 다 되어가지만, 내가 먹는 김치는 대부분 엄마 손에서 나온다. 나도 김치를 담가보려고 몇 번 시도한 적이 있는데, 배추를 절이는 게 쉽지 않았다. 혹시 짤까 싶어 소금을 적게 넣으니 김치가 금방 물러버린 것이다. 애써 담근 김치를 몇 차례 쏟아버린 뒤부턴 그냥 포기했다. 대신 엄마가 김치를 하는 날, 나는 손을 조금 보태고 김치 한 통을 얻어 온다.

배추 절이기는 삼투압을 이해하기 아주 좋은 예다. 배추에 소금을 한주먹씩 뿌리는 엄마에게 은근슬쩍 물었다. "배추에 소금을 왜 뿌리는 거야?" "배추에 간이 배야 김치가 되지!" 엄마는 이것도 모르냐며 별걸 다 묻는다는 표정이었다. 그래서 다시 물었다. "소금을 뿌리면 배추가 어떻게 되는데?" "배추에서 물이 나오지. 소금기가 배추 안으로 들어가서 간이 맞는 거지." 우와, 우리 엄마도 삼투압을 이해하고 계셨구나.

삼투란 '물'이 이동하는 현상이다. 물론 술이나 기름이 될 수도 있다. 뭔가를 녹일 수 있는 물질(용매)이 여기서 저기로 이동하는 것을 말한다. 다시 말해, 소금이 배추 안으로 들어온 것은 그리 중요하지 않고 배추 속의 '물'이 밖으로 나온 것이 핵심이라는 얘기다.

배추에 소금을 뿌리면 배추 바깥쪽이 짜다. 그러면 배추 안에 있던 물이 바깥으로 빠져나온다. 배추 안(저농도)보다 바깥쪽(고농도)이 더 짜서, 싱거운 쪽의 물이 짠 쪽으로 움직이는 것이다. 앞서 말했지만, 물의 이동이 중요한데 저농도 쪽에 있던 물이 고농도 쪽으로 이동하는 현상, 이게 삼투압 현상이다.

"소금과 물이 그냥 섞이는 것 아닌가?" 누군가 이렇게 물을 수도 있다. 단순히 섞이는 게 아니란 걸 보여주는 좋은 실험이 있다. 감자와 설탕, 컵과 물만 있으면 된다.

우선 감자를 반으로 갈라 속을 파낸다. 속을 파낸 감자 안에 설탕 반 숟갈을 넣는다. 감자가 들어갈 만한 컵에 물을 조금 붓는다. 설탕 쪽으로 물이 들어가지 않도록 조심하면서, 절반쯤 물속에 잠기도록 감자를 컵에 넣는다. 그리고 느긋하게 몇 시간 둔다.

어떻게 될까? 설탕과 감자, 컵 안의 물을 각각 살펴야 한다. 우선, 농도는 설탕 쪽이 가장 높다. 감자에서 물이 설탕 쪽으로 빠져나오고 그 물이 설탕을 녹인다. 속을 파낸 곳에 설탕물이 고인다. 그리고 감자에서 물이 빠졌으니 컵 물보다 감자가 고농도가 된다. 그래서 이번엔 컵의 물이 감자 속으로 들어간다. 컵의 물이 감자로, 감자의 물은 설탕 쪽으로 이동해 감자 안에 물이 가득 고인다.

군이 소금 대신 설탕을 사용하는 이유는, 설탕 분자가 소금 분자보다 크기가 훨씬 커서 감자를 뚫고 들어가지 못하기 때문이다. 그래서 배추를 절였을 때 배추가 짜지는 것과는 달리, 이 감자에서는 설탕 맛이 나지 않는다. 전혀 달아지지 않는 것이다.

여기서 다시 감자에 정신을 집중해보자. 물이나 소금은 감자 안으로 들어갈 수 있지만 분자의 크기가 큰 설탕은 못 들어간다. 이렇게 어떤 성분은 통과시키지만 다른 성분은 오 가지 못하게 하는 막을 '반투막(또는 선택적 투과성막)'이라고 한다. 반투막을 사이에 두고 용매가 저농도에서 고농도로 이동하는 현상. 이것이 삼투압 현상에 대한 제대로 된 설명이다. 식물 뿌리에서 물을 빨아들이는 것도 바로 이 원리로 설명할 수 있다.

우.. 우... 물!!!

　이 개념은 생물학을 이해하는 데 아주 중요하다. 생물은 세포로 이뤄져 있고 세포는 세포막으로 둘러싸여 있다. 바로 이 세포막이 반투막으로 돼 있다. 세포막을 사이에 두고 영양소와 물질들이 이동하면서 에너지를 얻고 노폐물을 주고받는데, 여기서 삼투압은 이 과정을 설명할 수 있는 가장 단순한 기초원리다. 훨씬 더 복잡하고, 아직 밝혀지지 않은 수많은 원리에 의해 세포는 살아 움직이며 자기 역할을 하고 있다.

　목이 마를 때 바닷물을 마시면 안 되는 이유를 삼투압의 원리로 설명해볼 수 있다. 바닷물을 마시면 바닷물이 혈액 속으로 흡수될 테고, 내 몸 세포보다 혈액이 더 짜지고, 싱거운 쪽에서 짠 쪽으로 물이 이동하니까 세포에서 혈액 속으로 물이 나오고, 그렇다면… 이 물은 방광으로 모아지고…, 물이 필요해 바닷물을 마셨는데 오히려 몸속의 물이 밖으로 빠져나가는 상황을 맞닥뜨리게 된다. 결국 목숨을 잃게 되는 것이다.

초등학교만 나온 엄마는 칠십 평생 삼투압이란 걸 배워본 적이 없다. 그래도 삼투압에 대해 구구절절 설명하는 나보다 배추를 훨씬 잘 절인다. 내가 도저히 따라갈 수가 없다. 배움이란 뭘까. 머리로 아는 지식의 쓸모를 새삼 생각해본다.

Part 5

우리는 모두 함께
살아가고 있다

삼색 고양이의
비밀

고양이 미미와 함께 산 지 만 2년이 지났다. 고양이와 사람의 평균수명은 각각 16년, 80년 정도다. 미미에게 1년은 사람의 5년과 맞먹는 셈이다. 사람보다 다섯 배나 빨리 흘러가는 미미의 묘생에 내가 뭔가 대단하게 잘해줄 수 없을지는 모르지만 한 생명에 대한 책임감만큼은 남에게 뒤지고 싶지 않다. 그래서인지 고양이에 대한 정보라면 눈이 번득 귀가 쫑긋해진다.

고양이는 개와 달리 배 만지는 걸 싫어한다는 단순한 것부터 고양이의 혀는 단맛을 느끼지 못한다는 특이한 정보까지 하나하나 신기하고 신비롭다. 고양이는 단맛 수용체 유전자의 일부가 파괴되어 단맛을 느낄 수 없는데, 살아가는 데 달콤한 성분을 가진 영양소가 그다지 필요하지 않기 때문이다. 원래 고양이의 완전식품이자 주식은 쥐다. 죽은 쥐의 장에 남은 미처 다 소화되지 않은 곡식 정도만 있어도 고양이는 필요한 탄수화물을 충분히 섭취할 수 있다.

호기심을 자아내는 내용도 있다. 고양이 중에 '삼색 고양이'라 불리는 녀석이 있다. 삼색이들은 몸에 하얀색, 노란색, 검은색 이렇게 세 가지 털이 군데군데 섞여 있다. 이 녀석들은 굳이 암수를 확인할 필요가 없다. 어차피 죄다 암컷이기 때문이다. 이유가 뭘까?

우리 몸은 무수한 세포들로 이뤄져 있고 세포에는 핵이 있다. 핵 안에는 막대 모양의 염색체가 있는데 얇은 두 가닥의 실이 차곡차곡 쌓여 길쭉한 모양을 이룬다. 이 두 가닥의 실을 DNA라 부른다. DNA가 실이라면 염색체는 실타래다. DNA는 한 생명의 모든 유전정보를 담고 있다. 나는 아주 까만색의 곱슬머리에 눈에는 짙은 쌍꺼풀이 있고 어깨가 좁고 키가 작은데, 부모님이 물려주신 DNA의 명령을 잘 따른 결과다. 내가 남과 다르게 생긴 것도, 내가 고양이가 아닌 것도, 다 DNA 때문이다.

고양이의 털 색깔과 줄무늬 유무는 아홉 개의 유전자에 따라 결정된다. 우리가 흔히 만나는 길고양이는 대부분 '코리안 쇼트헤어'라 불리는 품종이다. 줄임말로 '코숏'이다. 코

숏은 하얀색, 노란색, 검은색의 세 가지 색깔의 털을 가지고 있다.

색이 어떻게 조화를 이루냐에 따라 '올블랙', '젖소', '치즈' 등으로 불린다. 올블랙은 검은 고양이를, 젖소는 흰 바탕에 검은 얼룩무늬가 있는 고양이를, 치즈는 노란 털을 가진 고양이를 말한다. 회색 몸통에 고등어처럼 줄무늬가 있는 털이 난 '고등어태비'도 있다. 털 하나하나를 줄무늬로 만드는 유전자나 하얀색 얼룩무늬를 만드는 유전자가 있다면 줄무늬가 나타난다.

털 색깔이 검은색이냐 노란색이냐를 결정하는 건 성염색체인 X염색체에 있는 유전자다. 하나의 X염색체는 검은 털, 노란 털 중 한 가지 색깔의 유전자만을 가질 수 있다. 암컷은 X염색체가 두 개, 수컷은 한 개다. 그래서 암고양이에겐 검은 털이나 노란 털이 동시에 나타날 수 있지만 수컷은 불가능하다.

그렇다면 하얀색은? 엄밀히 말하면 하얀색은 색이 아니다. 물감에는 하얀색이 있지만 자연계에서 하얀색은 대부분 '색이 없음'을 뜻한다. 백합은 하얀 색소 때문에 흰 것이 아니라 아무 색소가 없어 하얗다. 고양이 몸의 어느 부분에서 털 색깔 유전자가 비활성화되면 하얀 털이 나오는 것이다.

'삼색 고양이는 모두 암컷이다.' 99% 맞는 말이지만

100%는 아니다. 생물계에는 늘 변종이 존재한다. 소수지만 삼색 고양이도 수컷이 있고 때론 암수 성기를 모두 가지고 태어나기도 한다. 비정상이 아니라 지극히 자연스러운 것이다. 생명체에게 결코 친절하지 않은 지구 환경에서 같은 종 내의 개체들이 서로 다양성을 띨수록 그 종이 멸종하지 않고 살아남을 확률은 커진다.

'다양성'을 아직도 '비정상'으로 바라보는 건 오직 인간, 아니 '어떤 인간들'뿐이다.

물고기는 정말
고통을 느끼지 못할까?

남편에게 한턱 쏠 일이 생겼다. 내가 치킨을 좋아하는 것만큼이나 남편은 회를 좋아한다. 오랜만에 소래포구에서 회를 먹기로 했다. 수조에서 아가미를 여닫고 있는 물고기를 볼 때면 위선인지 죄책감인지, 하여간 물고기에게 미안한 마음이 생긴다.

남편이 고른 광어 한 마리가 생명의 기운이 사라진 하얀 살점으로 바뀌어 접시에 올라왔다. "회 먹을 때마다 느끼는 건데 인간은 좀 잔인한 것 같아." 남편이 대답했다. "괜찮아. 물고기는 아픔을 모른대." 남편은 아무 생각없는 표정으로 회 먹는 데 열중하고 있다.

나도 들은 적이 있다. 낙지나 오징어는 고통을 모른다고,

칼로 잘린 낙지 다리가 이에 쩍쩍 달라붙는 건 아파서 꿈틀대는 게 아니라 그저 반사작용일 뿐이라는 거다. 정말 그럴까.

사실 물고기가 고통을 느끼느냐 아니냐에 대해선 과학자들 사이에서도 논란거리였다. 먼저 고통을 느끼지 못한다고 주장하는 쪽에선 물고기의 뇌에 신피질이 없다는 것을 가장 큰 이유로 꼽는다. 신피질은 뇌의 가장 바깥쪽 주름진 부분으로 전두엽, 측두엽, 후두엽, 편두엽으로 나뉜다. 본능이 아닌 학습을 통해 경험한 것을 기억하고 판단하고 저장하는 일은 모두 신피질에서 이뤄진다. 인간의 '의식'은 신피질의 작용인 셈이다. 만일 신피질이 없다면 의식도 없다는 의미가 된다.

그러나 인간과 물고기의 뇌를 일대일로 비교하는 것은 적절치 않다. 새도 신피질은 없지만 의식적인 행동을 한다. 도구를 만들고 수천 개의 물체가 파묻힌 장소를 기억하고 색깔에 따라 사물들을 나눌 수 있는 능력이 있으며, 심지어 장난도 친다. 따라서 신피질로 고통의 유무를 파악하는 것은 합리적이지 않다.

물고기에 대한 오해는 또 있다. 낚시를 좋아하는 사람들은 하나같이 이야기한다. 물고기는 머리가 나쁘다고. 물고기가 너무 작거나 먹기에 적당치 않아 놓아주면 잠시 후 다시 낚싯밥을 문다는 것이다. 이를 두고 '3초 기억력'이라며 놀리기도 한다.

이 역시 잘못된 판단이다. 조녀선 밸컴의 책《물고기는 알고 있다》에는 어부들 사이에서는 '3초 기억력'이 아니라 오히려 물고기에게 '갈고리 기피증'이 있다는 말이 떠돈다는 내용이 나온다. 몇몇 연구에 의하면 낚싯바늘과 낚싯줄에 걸려든 물고기가 정상 활동을 회복하는 데 상당한 기간이 필요하다는 게 밝혀졌다. 잉어와 강꼬치고기의 경우, 단 한 번 낚였을 뿐인데도 최대 3년 동안 미끼를 회피했다는 일화도 있고, 큰입배스는 6개월 동안 갈고리 기피증을 유지하기도 한다고 한다. 그렇다면 같은 미끼를 다시 무는 경우는 어떻게 설명해야 할까.

위 책의 저자는 아마도 몹시 굶주렸기 때문일 거라 추측한다. 강력한 식욕이 통증의 트라우마를 압도하기 때문이다.

좀 더 직접적인 연구도 있다. 송어의 입에 벌의 독과 식초를 주입하거나 송어를 바늘로 찌른 후 아가미의 개폐 횟수를 측정했다. 모든 송어들이 스트레스를 받았지만 벌독과 식초를 주입한 송어가 아가미를 여닫는 횟수는 거의 두 배 가까이 증가했다. 세 시간이 넘도록 먹이에도 관심을 보이지 않았다. 그런데 이들에게 진통제인 모르핀을 투여하자 마치 아무 일이 없었던 것처럼 행동했다. 모르핀이 송어에게도 진통제로 작용한 것이다.

사람과 전혀 다른 환경에서 사는 물고기는 자극에 대한 반응도 세계를 해석하는 방식도 사람과는 다르다. 공기 안에 갇혀 사는 육상생물 중엔 소리로 감정과 의사를 표현하는 경우가 많다. 공기는 소리를 잘 전달하기 때문이다. 그러나 물속에 사는 생물들은 비명을 지르지 않는다. 소리를 내는 데 소모하는 에너지에 비해 물속에선 소리가 잘 전달되지 않기 때문이다. 만일 물고기의 머리나 꼬리지느러미를 잘랐을 때 '으악'이나 '꽥' 하는 소리가 난다면, 아니 눈이라도 깜빡거린다면 물고기들이 고통을 느끼지 못한다는 착각을 하지 않았을지 모르겠다.

에휴, 그렇다고 내가 앞으로 영원히 물고기를 안 먹을 것

도 아닌데 이럴 땐 모르는 게 약이란 생각도 든다. 젓가락을
들고 망설이는 내 앞에서 무념무상 살점을 씹는 남편의 무심
함이 오늘따라 부럽다.

개의 눈과
매의 눈

자신이 쓴 글을 꾸준히 읽어주는 독자가 있을 때 글 쓰는 사람은 신이 난다. "단 한 명의 관객만 있어도 무대에 오르겠다"라는 말은 비단 연극배우한테만 해당하는 말이 아니다. 하지만 정보의 쓰나미 속에서 내가 쓴 글이 누군가에게 선택받기란 쉬운 일은 아닌 것 같다. 그런 점에서 나는 행복하다. 내가 쓴 글이라면 묻지도 따지지도 않고 찾아 읽는, 나의 열혈독자가 있기 때문이다.

가끔 그 독자분을 만나면 이번엔 어떤 글을 썼느냐고 나에게 묻는다. 언젠가 나는 조금 긴장된 마음으로 "눈에 대한 글을 썼다"라고 말했다. 내 말을 듣던 그는 갑자기 책꽂이로 향하더니 책을 한 권 뽑아 들었다. "강아지는 흑백만 볼 수 있대. 이 책에 나와 있어. 그러니까 다음엔 동물의 눈에 대해 쓰는 건 어때?" 그 열혈독자는 바로 초등학교 1학년, 내 사랑 스런 조카다. 나는 열혈독자의 뜻에 기꺼이 따르기로 했다.

우선 조카가 말한 대로 개는 명암만을 구별한다. 눈에는 밝고 어두운 것을 구분하는 간상세포와 색을 감지하는 원추 세포가 있는데, 개에게는 간상세포는 많지만 원추세포는 매우 적다. 개만이 아니라 인간과 유인원, 원숭이류를 제외한 포유류 대부분이 그렇다.

포유류는 진화의 역사 속에서 밤에 주로 활동하는 야행성을 지니게 됐다. 밤에는 빛이 없어 색을 볼 수 없다. 그래서 포유류는 생존에 그리 중요하지 않은 원추세포 대신, 어둠 속에서 희미한 빛만으로도 사물을 구분할 수 있는 간상세포 만을 진화시켰던 것이다.

이와 정반대의 눈을 가진 동물도 있다. 주변 상황을 예리하고 정확하게 분석하고 파악하는 이들을 가리켜 '매의 눈을 가졌다'라고 하는데, 실제로 매의 시력은 정말 대단하다. 새들은 대부분 얼굴 크기에 비해 큰 눈을 가진 만큼 시력이 좋다. 특히 육식조류, 그중에서도 매를 따라올 자가 없다.

눈에는 시야를 담당하는 황반이라는 부위가 있다. 눈이 얼굴 옆쪽에 달린 초식동물은 넓은 시야를, 눈이 얼굴 정면에 달린 육식동물은 멀리 내다보는 시야를 가졌는데, 매는 한쪽

눈에 황반이 두 개여서 한 번의 눈짓만으로도 넓고 멀리 볼
수 있다. 게다가 시세포도 사람보다 다섯 배나 많아 멀리 떨
어져 있는 작은 물체까지 샅샅이 파악할 수 있다.

　매과에 속하는 아메리카황조롱이(American Kestrel)는
18m 높이에서 2mm의 작은 벌레도 볼 수 있을 정도다. 이
정도면 조류계의 엄친아 엄친딸이라 할 수 있겠지만 매에게
는 치명적 단점이 있다. 간상세포가 거의 없어 어둠 속에선
앞을 거의 볼 수가 없다.

　재밌는(?) 눈을 가진 동물도 있다. 개구리는 눈을 움직이
지 않고 늘 한 방향만 응시하는데, 엎친 데 덮친 격으로 움직
이지 않는 물체는 전혀 분간하지 못한다. 눈앞으로 지나가는

물체의 움직임만 겨우 인식한다.

그렇다고 무시하지는 말자. 갑자기 휙 날아가는 곤충을 잡아채는 데에는 아주 탁월하니 말이다. 게다가 개구리눈의 이런 특성은 사람이 지나갈 때 자동으로 문을 열고, 현관이나 복도의 불을 켜거나, 자동차 통행량을 계산하는 광전지*의 모델이 되기도 했다.

동물의 감각기관을 사람 입장에서 해석하기엔 무리가 따른다. 개는 시력이 사람보다 좋지 않지만 생활에 전혀 불편함이 없다. 시각이 아닌 후각으로 세상을 파악하기 때문이다. 인간은 직립과 동시에 온갖 감각기관이 담겨 있는 얼굴이 땅에서 멀어지면서 후각의 많은 부분을 잃었고, 멀리 내다 볼 수 있던 시력도 퇴화했다.

진화의 세계에서 더 우월한 동물은 없다. 각자 환경에 적응하며 살 뿐이다. 그 어떤 지식보다도 이 점을 조카가 꼭 기억했으면 한다.

---

* 빛에너지를 전기 에너지로 변환하는 장치를 의미함.

배 속의
위험한 동거인

고등학교 시절의 이야기다. 어느 날 뒷자리에 앉은 친구가
뭔가를 골똘히 생각하는 표정으로 앉아 있었다. 친구는 평소
조금 엉뚱했다. 키를 크게 해야 한다며 시도 때도 없이 아무
데서나 점프를 해대고, 소풍 가는 버스 안에서 마이크에 대
고 휘파람으로 노래를 불러 순식간에 귀곡산장 분위기를 만
들었다.

어떤 날엔, 한 친구가 싸온 포도를 껍질도 뱉지 않고 볼이
터지도록 입안에 집어넣었다가 나중에 제자리에 가서 껍질
과 씨앗을 우물우물 뱉어내느라 애쓰기도 했다. 누군가를 웃
기려는 마음도 튀어보고 싶은 마음도 느껴지지 않는, 진정
자신만의 욕구에서 우러나온 행동이었다.

그런 친구가 그날따라 심각한 표정을 짓고 있었다. 어떤 희한한 생각을 하고 있을까, 궁금해 물어보았다. 그랬더니 대뜸 "배 속에 있는 대장균이나 유산균은 언제 들어갔을까?" 라고 내게 되물었다. 내 표정은 점점 친구와 똑같이 변해갔다. "그러게. 아기가 만들어질 때 균이 같이 만들어지지는 않았을 텐데."

이 궁금증을 친구와 함께 풀어볼 생각까지 했더라면 참 좋았겠지만 그러지는 않았다. 이후로도 친구와 세균에 관한 이야기를 나눈 기억은 없다. 그런데 잊을 만하면 한 번씩 이 질문이 떠올랐다. '대체 내 배 속의 대장균은 언제부터 그곳에 있었을까?' 이에 대한 답은 서른이 넘어 알았다. 세균에 대한 다큐멘터리를 보고 있는데, 글쎄 장 속 세균에 관한 이야기가 나오는 거다. 결론부터 이야기하면, 배 속의 균은 내가 태어나던 바로 그 순간을 틈타 내 몸속으로 들어왔다.

출산시기가 다가오면 아기가 나오는 산도에선 당의 일종인 글리코겐이 분비된다. 이 글리코겐을 먹고 무럭무럭 자라는 건 아기가 아닌 세균이다. 세균들은 아기가 지나갈 때를 기다리며 산도를 지키고 있다가 아기의 온몸에 달라붙는다. 심지어 아기의 입을 통해 내장기관에 들어가 가장 좋은 자리를 차지하고 번식을 시작한다. 이때 들어가는 대표적인 균이 락토바실러스(lactobacillus)*와 비피더스균(bifidus)**이다.

이 균들은 몸속 환경을 적정하게 유지해 소화와 배변을 돕는다. 이 균이 부족할 경우 설사를 하는 등 문제가 생긴다.

그러면 산도를 거치지 않은 아기, 즉 제왕절개로 태어난 아기는 어떨까? 마찬가지로 태어나면서부터 세균의 습격을 받는다. 그런데 차이가 있다. 자연분만으로 태어난 아기와 제왕절개로 태어난 아기의 태변을 조사하면 확연하게 드러난다.

전자의 경우 유익한 균이 많이 발견된다. 반대의 경우에선 아쉽게도 유해한 균이 다량 발견됐다. 균들은 각자 자신들에게 좋은 환경을 만들기 위해 물질을 내뿜는데, 이것이 인간 장기에 도움을 줄 경우 유익균, 해를 끼칠 경우 유해균이라 분류한다. 한 번 몸속에 자리 잡은 세균은 웬만해선 제자리를 내주려 하지 않기 때문에 최초로 어떤 세균이 장 속에 자리 잡느냐는 아기에게 아주 중요하다. 세균에 따라 장 기능이 달라지니 스마트폰으로 치자면 세균은 일종의 어플리케이션인 셈이다.

사람의 몸무게 가운데 3kg가량은 세균의 무게다. 이뿐만이 아니다. 몸을 구성하는 체세포의 개수보다 세균 등 미생

---

* 대표적인 젖산균으로 락토바실러스를 이용한 발효식품에는 김치, 요거트, 치즈 등이 있음.
** 장 속에 사는 젖산균으로 장의 연동운동과 면역을 활성화하는 역할을 함.

물 세포의 숫자가 무려 열 배나 더 많다. 세균이라고 해서 모두 몸에 좋지 않은 것이 아니라 몸에 안 좋은 세균이 있을 뿐이다. 비록 우연이지만 20년 만에 이 사실을 알고 나서 기쁜 마음으로 친구에게 전화를 했다. 친구는 얼마 전 아기를 낳았다. 그는 "내가 그런 걸 궁금해했어?" 하며 별걸 다 기억한다는 투로 말했다. 그러더니 이런 말을 남겼다.

"고생해서 자연분만한 보람이 있네. 사실 제왕절개 안 했다고 몇 달 동안 엄마한테 잔소리 들었어. 제왕절개하면 보상금 나오는 보험을 들었나 봐."

친구의 엉뚱함이 어디에서 비롯됐는지 이제야 짐작이 된다.

100조 개가 넘는 세포가
몸속에 살고 있다?

한창 코바늘뜨기에 빠졌던 때가 있다. 아침에 눈을 뜨면 코바늘부터 잡았다. 밥때를 놓치기 일쑤여서 의도치 않게 1일 1식을 했다. 주로 만든 것은 여러 가지 컵받침과 작은 동물 인형이었다. 같은 실과 바늘로도 어떻게 뜨느냐에 따라 몸통이 되기도 하고 눈이나 귀가 되기도 한다. 이것들을 다시 실로 꿰매면 부엉이나 공룡 같은 인형이 된다. 한 코 한 코가 모여 살아 있는 생명이 만들어지는 것만 같다. 마치 우리 몸속의 세포들처럼.

생명이 있는 모든 것은 단 하나의 세포에서 시작한다. 똑같은 모양의 뜨기를 수없이 반복하듯 세포는 그 자신을 스스로 복제해 늘려가며 생명체를 구성해간다.

성인의 몸에는 대략 100조 개의 세포가 있는 것으로 추측한다. 방금 100조를 종이에 숫자로 표시해보느라 잠시 헤매었는데, 0이 14개나 붙는 엄청 긴 숫자다. 이렇게 많은 수의 세포를 만드는 데에 참 오랜 시간이 걸릴 것 같지만 의외로 그렇지는 않다.

세포 한 개가 한 번의 분열을 거치면 세포 두 개가 되고, 두 개는 네 개, 네 개는 다시 여덟 개, 여덟 개는 열여섯 개가 된다. 이렇게 따져보면, 세포 한 개는 분열을 시작한 지 단 47회 만에 100조 개의 똑같은 세포로 늘어나는 게 가능하다. 물론 이것은 수치상의 이야기다. 우리 몸의 세포는 그 종류를 일일이 셀 수 없을 만큼 많고 하는 일과 수명도 각각 다르다. 전체적으로 보자면 날마다 수십억 개의 세포가 죽고 그만큼이 새로 만들어지지만, 그렇지 않은 세포도 많다.

우리는 1000억 개 정도의 뇌세포를 가지고 태어나는데 죽을 때까지 단 한 개도 늘어나지 않는다. 오히려 매시간 500개 정도 죽는 것으로 추정한다. 대신, 세포를 구성하는 성분이 약 한 달 만에 완전히 새로운 것으로 바뀌기 때문에 뇌세포가 오래돼 제 기능을 못할 염려는 하지 않아도 된다.

살아 있는 세포 속을 들여다본다면, 아마도 세상에 이렇게 정신없는 곳이 또 있나 싶을 것이다. 단 한 공간도 움직이지 않는 곳이 없고 세포 전체는 전기에너지로 가득하다. 100조

개의 세포가 활동하기 위해서는 산소가 필요한데, 이는 피로 전달받는다. 심장은 이를 위해 1시간 동안 무려 284ℓ의 혈액을 순환시킨다.

우리가 가만히 누워만 있어도 배가 고픈 이유는 우리가 먹은 음식물을 세포들이 에너지로 변환시켜 스스로 움직이는 데에 사용해버리기 때문이다. 세포를 위해 먹고 자고 움직이는 것이라 해도 틀린 말은 아니다. 쓸 만큼 쓴 세포는 스스로 알아서 죽는다. 할 일이 없는 세포도 죽는다. 그런데 죽어야 할 세포가 오히려 분열해 개수를 늘리기도 한다.

이것이 바로 암세포다. 사실 암세포는 우리 몸에서 세포 분열이 일어나는 한 피할 수 없는 것이다. 때론 치명적인 암세포가 만들어지기도 하지만 대부분 이를 억제하는 작용이 우리 몸에서 일어난다. 이 또한 또 다른 세포의 역할이다. 건강이란 결국 건강한 세포를 만들고 이를 유지하는 것이다.

코바늘뜨기를 하다가 무심코 한 코 잘못 뜬 것을 도중에 발견할 때가 있다. 다시 풀기 귀찮아서 그냥 넘어가면 다 만들고 난 뒤엔 이상하게도 꼭 그 부분만 눈에 띈다. 한 코 한 코 정성을 들여 만든 것은 남 보기엔 보잘것없을지라도 내게는 뿌듯한 성취감을 준다. 내 하루하루도 마찬가지인 것 같다. 오늘 내 역할에 충실할 때, 바로 지금 행복감에 젖을 때, 내 길고도 짧은 인생도 그러할 것 같다.

눈에 보이지 않는
그들의 킬러본능

우연일까? 미세먼지가 아주 심하던 봄날, 며칠 동안 마스크 없이 외출을 했다. 그러더니 조금씩 잔기침이 나왔다. 하지만 기침 이외에 별다른 증상이 없었기에 크게 신경 쓰지 않았다. 게다가 바야흐로 가장 놀기 좋은 때가 아닌가! 나는 생애 처음 따뜻한 봄을 맞이한 듯, 기침을 해대면서도 여기저기 신나게 돌아다녔다.

그 결과, 나는 몸져누웠다. 감기도 아닌 것이 목이 아프고 온몸이 쑤셨다. 병원에 가니 후두염이라는 진단이 나왔다. 후두는 목구멍의 일부인데, 말을 하고 숨을 쉬는 데 중요한 기능을 하는 곳이란다. 의사는 몇 가지 약과 함께 항생제를 처방했다. 항생제만큼은 웬만하면 먹지 않겠다는 것이 평소

나의 생각이었다. 증상은 딱 감기몸살인데 이것 때문에 과연 항생제를 먹어야 하는 건지 많이 고민했다.

항생제를 인위적으로 가공한 약품으로만 생각하기 쉽지만, 원래 항생제는 미생물의 분비물로 자연상태에 존재하는 물질이다. 불과 200년 전만 해도 홍역이나 콜레라, 폐렴, 이질은 걸리면 대부분 죽는 무서운 질병이었다. 하지만 사람들은 왜 병에 걸리는지 알지 못했다. 나쁜 공기 때문이거나, 신이 내린 벌이거나, 아니면 귀신이 들린 것으로 생각했다.

1800년대에 이르러서야 비로소 이것이 너무 작아서 인간의 눈에 보이지 않지만 분명히 살아 있는 생물, 즉 미생물 때문이라는 것을 알게 됐다. 미생물의 '미(微)'는 작다는 뜻이다.

인간이 최초의 항생물질을 발견하게 된 것도 미생물의 존재를 인정한 후의 일이다. 영국의 알렉산더 플레밍(Alexander Fleming)이라는 미생물학자는 실험접시에 미생물을 키우며 미생물의 생장을 억제하는 물질을 찾아내는 데 관심이 많았다. 인간에게 해롭지 않은 자연상태의 물질을 찾을 수만 있다면 병에 걸린 사람을 부작용 없이 낫게 할 수 있을 거라 생각한 것이다.

1928년 여름날, 플레밍은 포도상구균이 퍼져 있는 실험접시를 열어놓은 채 휴가를 떠났다. 집에 돌아와 실험접시를 자세히 살펴보던 플레밍은 접시에 난데없이 푸른곰팡이가 피어 있는 것을 발견했다. 그리고 깜짝 놀랐다. 푸른곰팡이 주위로 마치 도려낸 것처럼 자신이 기르던 포도상구균이 사라진 것이다.

플레밍은 직감했다. 푸른곰팡이의 어떤 물질이 균을 죽인 것이라고. 결국 그는 실험을 통해 이를 밝혀냈고 푸른곰팡이에서 나온 이 항생물질을 '페니실린(penicillin)'이라고 불렀다.

그런데 그 푸른곰팡이는 어디서 온 것일까? 마침 플레밍의 집 아래층엔 곰팡이를 연구하는 이가 살고 있었다. 이런 기막힌 우연이 또 있을까. 아래층에서 기르던 곰팡이와 위층에 살던 세균이 만난 덕분에 지금 우리는 배 속을 열어 수술을 해도 다시 살아날 수 있고, 콜레라나 페스트, 이질 등 세균성 전염병도 두려워하지 않게 된 것이다! 인간의 삶과 문명이 이렇게 작은 우연에 기대어 이어지는 것을 보면 인간이란 존재는 그야말로 우주의 아주 작은 일부에 불과한 게 아닐까 하는 생각이 든다.

자연상태의 물질이라고 해서 안전한 건 아니다. 항생제는 특정 세균을 죽이는 물질이다. 세균은 지구에 최초의 생명체가 나타난 30억 년 전부터 지금까지 살아남은 유일한 생명체다. 지금도 지구 어느 곳에서라도 살아갈 만큼 적응력이 대단하다.

세균에겐 인간의 몸도 그저 또 하나의 서식처일 뿐이다. 그러니 몸 안에 들어온 항생제 따위에 당하고만 있을 리 없다. 동족이 죽어가는 걸 바라만 볼 순 없으니 말이다. 항생제가 들어오면 세균들은 그 항생제의 공격에 살아남도록 재빨리 변이를 하며 복수를 꿈꾼다. 이것을 내성균이라 한다.

그래서 우리 몸은 세균들의 전쟁터기도 하다. 더 넓은 서식지를 차지하기 위해 그들끼리도 죽기 살기로 싸운다. 우리 몸이 건강할 때는 다른 세균들과 내성균이 치열하게 전투를 하기 때문에 내성균의 수를 늘리는 데 한계가 있다. 하지만 항생제가 우리 몸에 들어온 후가 문제다. 항생제는 이로운 세균과 해로운 세균을 구분하지 못한다.

다른 세균이 사라진 순간, 그 항생제에 내성을 가진 내성균이 이제부터 우리 몸을 단독으로 접수하기 시작한다. 이땐 내성균을 죽이는 또 다른 항생제가 필요하고 내성균은 더 강력한 내성균으로 변신한다. 항생제는 결코 내성균의 변이 속도를 따라잡지 못한다. 어떤 항생제로도 잡을 수 없는 '슈퍼 박테리아'는 이렇게 만들어진다.

병원에 가지 않고 약을 먹지 않으면 이 문제가 해결될까? 그렇지는 않다. 시중에 유통되는 돼지고기와 소고기, 닭고기엔 항생제가 남아 있을 가능성이 크다고 한다. 열악한 공장식 사육으로 키워지는 가축은 면역력이 약해 세균에 감염되면 회복이 잘 안 된다. 그래서 항생제를 많이 투여하는데, 이것이 몸 밖으로 빠져나가지 못한 상태로 우리 식탁에 오를 가능성도 있다는 것이다.

우리나라 가축용 항생제 사용량은 유럽 사용량의 다섯 배에서 많게는 열 배에 달한다. 이 고기들로 만든 가공품에도 항생제가 들어 있을 위험이 높다. 문제는 항생제 사용량이 앞으로 더 늘어날 가능성이 크다는 점이다. 그러니 육식을 하는 한 우리는 알게 모르게 항생제를 먹을 수밖에 없다.

미국 프린스턴대학교 생태환경생물학과의 토머스 보컬 교수 연구팀은 한 논문에서 "2030년까지 전 세계 가축용 항생제 사용량은 지금보다 열 배 이상 늘어날 것"이라고 발표했다. 항생제 사용량이 느는 원인으론 육식의 증가와 공장식

사육을 꼽았다.

그런데 이 두 가지는 서로 밀접하게 관련되어 있다. 지구에 인간의 식욕을 채울 만큼의 가축을 자연과 가깝게, 건강하게 키울 만한 땅이 물리적으로 부족하다. 수요를 채우려면 어쩔 수 없이 사육면적을 좁혀야 한다. 좁은 곳에서 많은 수의 동물이 자라다보면 자연히 면역력이 약해지고, 전염병이라도 돌면 집단 폐사의 위험도 있다. 그러니 항생제를 쓸 수밖에 없게 된다.

어쨌든 그날 나는 항생제 한 알을 먹고 일찍 잠이 들었다. 목 안의 염증이 어서 낫길 바라는 마음뿐이었다. 그런데 다음 날 아침, 나는 심한 감기에 걸리고 말았다. 열과 기침과 콧물이 동시에 나를 공격했다. 아니, 평소에 잘 먹지도 않는 항생제까지 삼켰는데 이게 어떻게 된 일일까.

항생제는 몸 안의 세균을 죽이는 물질이지만 좋은 것과 나쁜 것을 가리지 않는다. 내 몸의 면역과 관계된 좋은 세균까지 항생제가 싹 먹어치운 것이 분명하다. 그래서 면역이 약해진 틈을 타 감기 바이러스가 내 몸에 창궐하게 된 게 아닐까. 바이러스는 세균 잡는 항생제도 어쩌지 못하는, 그야말로 중2 반항아 같은 존재이니 말이다.

오늘 점심은
'귀뚜라미 반찬'으로

저녁 바람에 팔뚝이 서늘해진다. 붉게 번지는 노을에 감탄하며 집으로 걸어오는 길, 상가 주차장 한쪽 강아지풀과 바랭이가 수북이 자란 풀밭에서 귀를 잡아끄는 소리가 들린다. 맑고 높은 소리를 내는 작은 호루라기 같다. 아, 귀뚜라미 소리와 함께 가을이 왔구나!

요즘 10대, 20대들도 귀뚜라미 소리를 아는지 모르겠다. 어릴 적 귀뚜라미는 풀밭이라면 어디든 있었다. 고등학교 때까지 주택에서 산 내게 귀뚜라미 우는 소리는 마음을 차분하게 할 뿐 아니라 별 가득한 가을 밤하늘로 나를 데려가는 한밤중의 명상음악이었다. 지금도 이 소릴 들으면 복잡하고 시끄러웠던 머릿속이 정리되는 기분이 든다. 나 말고도 많은

사람들이 귀뚜라미 소리에서 안정감과 편안함을 느낀다고
한다. 그래서 '정서적 곤충'이란 말도 생겼다. 귀뚜라미와 반
딧불이, 소똥구리, 호랑나비, 장수풍뎅이 등이 이에 속한다.

그런데 귀뚜라미는 또 다른 의미로 학계의 주목을 받고 있
다. 바로 '미래 식량'으로 말이다. 우리나라에선 벌레를 먹는
다는 거부감이 크지만 이미 해외의 고급 레스토랑에서는 곤
충을 재료로 한 메뉴를 팔 정도로 인기가 많다. 중국이나 주
변 아시아국가는 물론 영국, 프랑스, 벨기에, 독일에서도 마
찬가지다. 말린 곤충이나 분말 등을 어디서나 쉽게 구입할
수 있다. 이 분말로 쿠키나 햄버거 패티를 만드는데 맛이 아
주 좋다고 한다.

귀뚜라미가 미래 식량이란 이름으로 각광받는 데에는 이
유가 있다. 소고기와 비교하면 차이를 쉽게 알아볼 수 있다.
우선 영양성분이다. 소고기는 100g당 단백질이 20g에 불과
하고 몸에 안 좋은 포화지방이 많은 데 비해, 귀뚜라미에는
70g의 단백질과 몸에 좋은 불포화지방, 무기질, 비타민이 풍
부하다.

또 소고기 100g을 얻기 위해선 물 2200ℓ가 필요하지만
같은 양의 귀뚜라미를 키우는 데에는 한 방울이면 충분하
다. 사실 소고기는 가성비가 아주 좋지 않아서 사료 10kg으
로 소고기는 고작 1kg을 생산할 수 있지만, 귀뚜라미는 무려

9kg을 얻을 수 있다. 온혈동물인 소와 달리 냉혈동물인 귀뚜라미는 사료를 체내 단백질로 전환하는 비율이 높다.

게다가 사육에 필요한 땅 면적은 비교하기 민망할 정도다. 전 세계 농지의 70%를 축산업이 차지하고 있지만, 귀뚜라미를 키우기 위해 필요한 면적은 미미하다. 경제적인 측면에서도 귀뚜라미의 압승이다.

환경을 얼마만큼 해치는지도 관건이다. 소가 입과 항문으로 내뿜는 이산화탄소와 메탄은 대표적인 온실가스로, 전체 온실가스의 20%가 축산업에서 발생한다. 그러나 귀뚜라미가 배출하는 온실가스의 양은 소의 100분의 1에 불과하다.

맛은 어떨까. 한 방송 영상을 보면, 쌍별귀뚜라미를 볶아 우리나라 성인들에게 먹어보도록 했다. 처음엔 꺼리던 이들이 한 번 맛을 보더니 고개를 갸우뚱했다. 건새우와 맛이 비슷한데 비린 맛은 덜하고 고소한 맛이 좋다고 평했다. 그들은 귀뚜라미 볶음 한 접시가 싹 비워질 때까지 젓가락질을 멈추지 않았다.

2019년, 농림축산식품부는 법률을 개정해 몇 가지 식용곤충을 가축으로 인정했다. 식용곤충 가운데 가축으로 인정받는 곤충은 갈색거저리 유충, 장수풍뎅이 유충, 흰점박이꽃무지 유충, 누에, 늦반딧불이, 호박벌 등 총 14종이다. 우리나라에서 흔히 볼 수 있는 쌍별귀뚜라미는 2016년 3월 일반식품으로 허가된 식용곤충이지만 아직 가축으로 인정받진 못했다.

식물식 만으로도 단백질을 비롯해 우리 몸에 필요한 영양분을 모두 섭취할 수 있다는 건 이젠 상식이다. 그러나 채소와 곡식을 챙겨 먹기엔 우리 일상이 너무 바쁘고 복잡하다.

환경을 파괴하고 영양소도 귀뚜라미보다 덜하고 값도 비싼 소고기를 귀뚜라미가 대체할 날이 올까. 햄버거를 먹으며 소의 눈망울을 떠올리지 않아도 되는 날이 정말 올까. 아, 귀뚜라미 우는 가을날, 귀뚜라미 잡아먹을 생각이나 하는 이토록 잔인한 인간이라니.

아보카도가
살아남는 법

드디어 아보카도를 먹어봤다. 버터맛이 나는 과일이라는데, 말만 듣고는 맛을 상상할 수가 없었다. 하도 궁금해서 직접 사서 먹어보기로 했다. 마침 인터넷 특가로 나온 것이 있어 냉큼 구매버튼을 눌렀다. 막 배송된 아보카도의 겉껍질은 단단했고 짙은 녹색이었다. 크기는 주먹만 했다.

표면이 오돌토돌한 것이 지금은 사라진 어떤 파충류의 알 같다는 생각이 들었다. 식탁 위에 올려두었더니 며칠 지나 색깔이 거무스름하게 변했다. 손으로 눌렀을 때 살짝 물렁하면 잘 익은 것이란다. 드디어 먹을 때가 됐다.

아보카도를 반으로 가르니 애호박 색깔의 과육이 드러났다. 처음 맛본 아보카도는 뭐랄까, 밍밍했다. 딱히 버터맛이

나는 것 같지도 않았다. 인터넷에서 소개한 대로 간장소스와 몇 가지 재료와 함께 밥에 비벼 먹으니 음, 의외로 괜찮았다.

'버터맛 과일'에 대한 궁금증은 이렇게 해소되었다. 이제 내 앞엔 아보카도 씨앗만 남았다. 내가 먹은 아보카도의 씨앗은 탁구공만 했다. 과일치고는 열매에서 씨앗이 차지하는 비율이 큰 편이다. 사과나 배, 감을 떠올려보면 확연히 차이가 난다.

특이한 점은 또 있다. 그동안 내가 봐온 많은 과일 씨앗들이 단단한 외피에 둘러싸여 있던 것과 다르게 아보카도 씨앗의 껍질은 땅콩의 속껍질처럼 얇았다. 배젖에 해당하는 부분도 색과 질감이 견과류처럼 먹음직스러웠다. 독성이 있어 먹을 순 없고 대신 뿌리를 내려 싹을 키워 보기로 했다. 이쑤시개 세 개를 씨에 꽂아 컵에 걸쳐놓고 씨앗이 절반쯤 잠기도록 물을 부었다. 2~3주쯤 지나자 씨앗 아랫부분이 갈라지면서 뿌리가 나오고 얼마 후 싹이 올라왔다.

이틀마다 열심히 물만 갈아주었을 뿐 영양제 한 번 준 적이 없는데도 아보카도는 잘 자랐다. 잠깐 크는 재미만 볼 요량이었는데 쑥쑥 자라는 모습에 '이거 이러다 몇 년 후에 열매 맺는 거 아냐?' 하는 생각이 들었다. 나는 큰 화분에 흙을 채워 옮겨 심어주었다. 그런데 어찌된 일인지, 잘 자라던 아보카도가 화분으로 옮긴 후부터 잎끝이 갈색으로 마르기 시작했다. 새로 올라오던 작은 잎도 그만 시들어 떨어지고 말았다. 뭐가 잘못됐지? 퍼뜩, 아보카도가 원래 사는 곳은 어디인가 하는 궁금증이 생겼다.

아보카도가 사는 곳은 울창한 열대우림지역이다. 햇빛을 더 많이 받기 위해 위로 쭉쭉 뻗은 키 큰 나무들이 하늘을 뒤덮고 있다. 이 나무들의 짙은 그늘로 숲속은 한낮에도 어두컴컴하다. 그 어둠 속에서 드물게 들어오는 햇빛을 받으며 아보카도가 자란다.

내가 화분을 놓아둔 곳은 하루 종일 햇빛이 비치는 남쪽 베란다. 초여름의 햇빛은 얇고 넓은 아보카도의 잎에게 너무 뜨겁고 날카롭게 느껴졌을 것이다. 좀 더 햇빛을 많이 받아 쑥쑥 자라길 바랐던 내 욕심이 지나쳤다. 당장 화분을 방 안 그늘진 곳으로 옮겼다. 다행히 아보카도는 다시 새잎을 틔웠다.

그제야 아보카도 씨앗이 왜 그렇게 크고, 또 무른지 이해가 갔다. 많은 과일 씨앗의 표면이 딱딱한 물질로 덮인 이유는 씨앗을 보호하기 위해서다. 겉이 무르면 습기와 균의 공격에 쉽게 썩거나 깨지고 동물에게 먹혀 소화되기 쉽다. 씨앗이 몇 달, 혹은 몇 년까지도 적당한 환경이 만들어질 때까지 버틸 수 있는 것도 모두 단단한 씨앗 껍질 때문이다.

그런데 열대우림지역은 일 년 내내 온도와 습도가 높아서 언제 씨앗이 떨어져도 금방 싹을 틔울 수 있다. 굳이 어느 시

기를 기다릴 이유가 없다. 단단한 외피는 오히려 발아에 장애가 될 뿐이다. 또한 싹이 트려면 많은 양의 에너지가 한 곳에, 가능하면 씨앗에 많은 영양분을 채워놓는 것이 생존에 유리하다.

소어 핸슨의 책《씨앗의 승리》를 보면 아보카도의 씨앗에는 전분과 단백질, 지방, 설탕 등 영양소가 풍족해서 잎이 자란 뒤 몇 년이 지날 때까지도 배젖의 영양분을 이용할 수 있다고 한다. 이런 열대 환경에 적응한 결과로 만들어진 것이 아보카도니 과육만 필요한 인간에겐 씨앗이 큰 것이 마뜩찮겠지만 아보카도 입장에선 최고의 전략인 셈이다.

씨앗의 미션이 발아에만 있는 건 아니다. 어미나무 바로 아래에 떨어진 씨앗은 싹이 트는 데 성공하더라도 열매를 맺을 때까지 완전하게 자라지 못한다. 이미 어미나무가 땅속 공간을 차지하고 있어 뿌리를 뻗을 곳도 부족한 데다 양분 경쟁에서도 어미나무를 이길 재간이 없다. 씨앗은 어미나무로부터 최대한 멀리 떨어져야만 무사히 살아남을 수 있다. 발도 날개도 없는 씨앗에겐 참 답답할 노릇이다.

그렇다고 가만히 있어선 안 된다. 식물은 저마다 씨앗을 최대한 멀리 보낼 독특한 방법을 터득했다. 민들레나 박주가리의 씨는 가벼운 솜털에 매달려 낙하산을 탄 듯 멀리멀리 날아간다. 콩이나 봉선화는 꼬투리 속에 씨앗을 숨겨두었다가 꼬투리가 터질 때 튕겨나간다. 좀 더 과감한 전략도 있다. 움직이는 동물을 이용하는 것이다. 숲길을 걸을 때 바지나 옷에 볍씨 같은 씨앗이 잔뜩 달라붙어 잘 떨어지지 않아 애를 먹은 경험이 있을 것이다. 동물의 몸을 이용하는 녀석, 바로 도깨비바늘이다. 무궁화 씨앗에도 털이 달려 있어 다른 동물의 몸에 쉽게 붙는다.

자기희생적인 방법을 사용하는 식물도 있다. 바로 먹히는 것이다. 우리가 먹는 과일은 죄다 이런 전략을 사용한다. 사과나 배, 수박 등 달콤하고 영양 많은 과육은 결코 씨를 위한 것이 아니다. 오로지 자신을 먹어줄 동물을 위한 것이다. 지구에 사는 대다수의 조류와 포유류는 과일을 아주 좋아한다. 에너지원이 되는 당분이 많아서다. 그래서 과일의 맛과 향은 자신에게 유리한 '동물 맞춤형'으로 진화했다.

새는 얇은 겉껍질을 가진 작고 붉은 계열의 과일을 좋아한다. 앵두나 보리수, 버찌가 모두 새들이 좋아하는 열매다. 포유류는 새가 먹는 것보다 크기가 크고 거친 껍질과 진한 향의 열매를 먹는다. 색깔도 노란색, 주황색, 빨간색, 녹색 등 강렬하다. 동물들은 저마다 자신의 입맛에 맞는 열매를 먹고 (대부분 씨와 함께 먹는다) 서식지를 오가며 분변과 함께 씨앗을 배설한다. 동물의 이동경로를 따라 싹이 터 다시 열매를 맺고, 이 열매를 다시 동물이 먹는다. 식물과 동물의 서식지는 아주 깊이 연관돼 있다.

바로 이 점에서 아보카도는 특이하다. 지금 남아 있는 아보카도는 모두 재배종으로 야생종은 완전히 사라졌다. 식물을 연구하는 학자들은 야생 아보카도가 사라진 이유를 동물에게서 찾는다. 야생 아보카도의 열매와 씨앗은 아주 커서 이것을 먹고 씨앗을 퍼트릴 수 있는 몸집이 큰 동물이 필요한데 그런 동물이 지금 지구에는 존재하지 않는다. 야생 아보카도를 즐겨 먹던 매머드 같은 거대 동물들이 신생대의 빙하기를 견디지 못하고 멸종하면서 야생 아보카도도 차츰 사라진 것으로 본다. 한 종이 사라지는 것은 그 종과 연관되어 있는 다른 종의 존재까지 위협한다.

그렇다면 아보카도를 즐겨 먹는 우리 인간이 사라지면 어떻게 될까? 아보카도는 물론이고 인간의 손에 길러져 온 수많은 재배종들도 점차 사라질 것이다. 아보카도 입장에서 인간은 절대 멸종하면 안 되는 소중한 생명체일 것이다.

달리 생각해볼 수도 있다. 인간이 기대어 살고 있는 무수히 많은 동식물을 떠올려보면, 그들의 삶은 너무나 위태롭다. 인간에겐 다른 생명체에겐 없는 아주 해괴한 습성이 있으니, 바로 내가 사는 곳을 더럽히고 파괴해서 자신과 다른 동식물의 생명까지도 위협한다는 점이다. 인간은 과연 언제까지 종을 이어갈 수 있을까.

나의 운명이 다른 동식물에게 달려 있다는 엄중한 경고를, 아보카도 한 알을 보며 떠올렸다.

부패의 맛,
발효의 맛

제철 채소들이 나오면서 냉장고에 빈틈이 사라지고 있다. 지난달에 이미 미나리와 샐러리로 장아찌를 담아두었다. 달래 두 묶음을 사와 양념간장도 한 통 가득 만들었다. 짜디짠 장아찌에 매실청, 레몬청, 청귤청, 사과청 등 각종 과일청까지 냉장고 칸칸이 차지하고 있다. 이 많은 걸 누가 다 먹으려는지 만드는 나도 잘 모르겠지만 일단 만든다.

열거한 식품의 공통점은 오래 보관할 수 있다는 점이다. 만든 지 만 3년이 다 되어가는 깻잎장아찌는 여전히 특유의 향을 잘 간직하고 있다. 아무리 냉장고에 두었다고 해도 그렇지, 썩기는커녕 이렇게까지 멀쩡할 수 있다는 게 놀랍다. 살아 있던 것이 생명을 다하면 썩는 것이 자연의 이치다. 썩

는 과정에서 인간에게 해로운 물질이 만들어지는 것을 부패,
반대로 이로운 물질이 생기는 것을 발효라고 한다. 부패와
발효를 일으키는 것은 미생물이다.

미생물은 너무 작아서 눈에 보이지 않는 생물이라는 뜻이
다. 1600년대 후반 현미경이 만들어지기 전까지 사람들은
미생물의 존재를 전혀 알지 못했다. 전염병을 비롯해 각종
질병이 악마의 영혼 때문에 생기는 것이라 믿었다.

이후 여러 실험을 통해 미생물은 살아 있는 생물이나 생명
이 없는 사물, 땅속과 땅 위, 물속, 공기 중 등 세상 어디에나
있다는 것이 밝혀졌다. 심지어 우리 몸을 이루는 세포 수보
다 몸 안에 살고 있는 미생물의 수가 훨씬 더 많을 정도다.

음식도 미생물로부터 도망갈 수 없다. 재료를 깨끗이 씻

는다 한들 미생물까지 박멸할 순 없다. 미생물은 습기가 많고 따뜻하고 통풍이 안 되는 환경에서 잘 산다. 음식이 부패되지 않게 하려면 미생물이 살기 힘든 환경을 만들어주어야 한다.

우리 조상들은 미생물의 존재는 몰랐지만 미생물로부터 음식물이 상하지 않게 하는 방법만큼은 빠삭하게 꿰고 있었다. 가장 일반적인 것은 말리는 것이었다. 식품을 말리면 미생물이 활동할 수 없어 오래 보관할 수 있다. 하지만 습도와 온도가 높은 지역에선 이마저도 무용지물이다.

이런 지역에선 염장법이 발달했다. 소금은 삼투압으로 식품 속 수분을 밖으로 나오게 해 건조에 도움을 줄 뿐만 아니라 미생물 몸속의 수분도 빼내 미생물을 파열시켜버린다. 더운 지방에서 생선으로 만든 젓갈이 발달하고, 이 젓갈을 각종 음식에 많이 넣는 이유와 연결된다.

설탕이나 꿀 속에 음식을 넣어 보관하는 당절임도 같은 원리지만 설탕과 꿀은 소금에 비해 값이 훨씬 비싸다. 설탕을 사용해 잼이나 청을 만드는 방식은 최근에 발달한 조리법이다. 훈연법도 있다. 나무가 탈 때 나오는 연기 속에는 페놀화합물(phenolic compounds)이 들어 있다. 고온의 열기에 미생물이 죽고, 항균성이 있는 페놀화합물이 식품 표면에 들러붙어 미생물의 번식을 막는다. 페놀화합물은 훈제 특유의 맛과 향을 내는 물질이기도 하다.

산을 이용해 부패균이 성장하는 것을 늦추거나 막는 방법도 있다. 예를 들어 김치는 만든 직후부터 발효를 돕는 균이 유산을 배출해 부패균이 성장하는 것을 막는다. 대신 유산 때문에 신맛이 생긴다. 아예 산을 직접 넣기도 한다. 피클이나 장아찌에 식초를 넣어 산성도를 높여 부패균이 살 수 없게 만드는 것이다.

3년 된 깻잎장아찌는 소금, 간장, 식초, 설탕으로 만든 짜고 시고 달달한 양념장 속에 푹 잠겨 있다. 미생물이 살아날 희망이 전혀 없다. 날도 따뜻해졌으니 조만간 베란다에 신문지를 깔아야겠다. 그리고 삼겹살을 구워야겠다. 바싹 구운 삼겹살을 잘 감싸주는 것, 이것이야 말로 우리 집 깻잎장아찌에게 내려진 숭고한 사명이니까.

고양이가 사람의
마음에 미치는 영향

우리 집엔 사람 둘, 고양이도 둘이다. 녀석들과 사는 하루하루가 행복하다. 가끔 이상하다는 생각이 든다. 날마다 고양이 두 마리의 밥과 물을 갈아주고 화장실 모래를 청소하고 한두 시간씩 놀아줘야 한다. 최근엔 한 마리가 치주염에 걸려 발치를 하느라 꽤 큰돈을 썼다. 이런저런 돈과 시간이 들어갈 일만 잔뜩 안겨주는 이 고양이들을 나는 왜 마냥 꿀 떨어지는 표정으로 바라보게 되는 걸까.

고양이가 경제적으로 무능한 건 사실이지만 그렇다고 내게 아무것도 안 해주는 건 아니다. 고양이들은 내 의지로 억지로 만들어낼 수 없는 중요한 화학물질이 내 몸에서 분비되도록 돕는다. 바로 '사랑의 호르몬'이라 불리는 옥시토신

(oxytocin)이다.

우리 뇌는 행복을 느끼는 쪽으로만 진화한 것이 아니라 수시로 변하는 환경에서 위험과 불안 요소를 인지하고 그로부터 스스로를 지키는 쪽으로도 진화했다. 그런데 위험과 불안이 지속되면 정신과 육체가 소모된다.

옥시토신은 스트레스 상태에서 벗어나게 해주는 신경호르몬으로 통증과 불안을 줄여 인간이 행복감과 안정감을 느끼는 데 대단히 중요한 물질이다. 문제는 옥시토신이 아무 때나 주어지지 않는다는 점이다. 옥시토신은 사람 사이에서 신뢰감과 애착을 느낄 때 분비된다.

뇌에는 불안과 공포, 흥분 등 어두운 감정을 관장하는 변연계라는 영역이 있다. 변연계에 속한 시상하부와 편도체가 스트레스와 불안을 담당한다. 가령 많은 사람 앞에서 중요한 연설을 하는 건 몹시 긴장되는 일이다. 심장이 쿵쾅대고 손에서 땀이 나고 호흡이 거칠어진다. 혹여 어이없는 실수로 비웃음을 사는 건 아닌지, 지금까지의 노력이 물거품이 되어 내 인생이 나락으로 곤두박질치는 건 아닌가 하는 상상을 하기도 한다. 대부분 일어나지 않는 일에 대한 불안과 공포다.

이 상황에서 스트레스와 불안을 느끼는 건 자동으로 일어나는 뇌의 반응, 특히 편도체의 반응이다. 제아무리 '맘 편히 먹자', '스트레스 받지 말자'라고 의식적인 생각을 해봐도 편

도체에서 무의식적으로 일어나는 반응을 억제할 순 없다.

그런데 극심한 긴장으로 스트레스를 받고 있는 이들 가운데 연설 전 친구들과 시간을 보내는 것이 허용된 참가자는, 그렇지 않은 참가자에 비해 스트레스 호르몬의 수준과 불안감이 감소했고 더 차분해졌다고 한다. 옥시토신이 민감해진 편도체를 잠재웠기 때문이다. 옥시토신은 편도체의 반응성을 떨어뜨리고 감정이 통제불능 상태에 빠지지 않도록 조절하는 데 도움을 준다.

만성통증을 앓는 환자가 배우자나 연인과 함께 있거나 때론 사랑하는 사람을 떠올리는 것만으로도 통증은 줄어든다. 심각한 고통을 느끼는 상황에서 누군가와 손을 맞잡는 일이 위안을 주는 것이다. 모르는 사람과 그저 잠시 가벼운 대화를 주고받는 것도 기분을 좋게 만든다. 포옹과 악수, 친구와의 대화, 마사지 등도 마찬가지다. 모두 과학적으로 확인된 옥시토신의 작용 결과다.

그런데 이 효과가 반려동물과 함께 있을 때에도 똑같이 일어난다. 강아지나 고양이와 눈을 맞추거나 더 나아가 가볍게 쓰다듬는 것만으로도 옥시토신이 분비되었고 행복을 느끼게 하는 호르몬인 도파민과 엔도르핀까지 증가했다. 사회관계가 단절된 이들, 마음의 상처로 사람과 원만한 관계를 맺기 어려운 이들이 반려동물을 맞이했을 때 삶의 만족도가 크게 증가한다는 여러 연구들이 이를 뒷받침한다.

뇌는 근육과 마찬가지로 쓸수록 발달하고 안 쓰면 퇴화한다. 반려동물로 인해 옥시토신이 분비되는 횟수가 늘어갈수록 옥시토신계 전체가 발달하고 강화된다. 고양이와의 작은 교감으로도 옥시토신이 마구 분비되는 결과를 얻게 되는 것이다. 고양이를 사랑할수록 내 행복감이 점점 커질 수밖에 없는 이유다.

- 《바이오 클락》, 러셀 포스터, 레온 크라이츠먼, 김한영 옮김, 황금부엉이, 2006

- 《크레이지 호르몬》, 랜디 허터 엡스타인, 양병찬 옮김, 동녘사이언스, 2019

- 《맛의 과학》, 밥 홈즈, 원광우 옮김, 처음북스, 2017

- 《거의 모든 것의 역사》, 빌 브라이슨, 이덕환 옮김, 까치, 2003

- 《씨앗의 승리》, 소어 핸슨, 하윤숙 옮김, 에이도스, 2016

- 《우울할 땐 뇌과학》, 앨릭스 코브, 정지인 옮김, 심심, 2018

- 《물고기는 알고 있다》, 조너선 밸컴, 양병찬 옮김, 에이도스, 2017

- 《맛의 원리》, 최낙언, 예문당, 2018

- "겨울 바다서도 물질하는 제주 해녀, 북극 원주민보다 추위 더
  잘견딘다", 박근태, 한국경제, 2016년 12월 4일자

- "달걀 없는 마요네즈, 소 없는 소고기… ", 케르스틴 분, 마르쿠스 로베터,
  프리츠 샤프, 〈이코노미인사이트〉, 63호, 2015년 7월 1일자

- "맛의 배신 2부- 중독을 부르는 향", 〈EBS 다큐프라임〉, 유진규(연출),
  2018년 5월 22일자 방영

일상, 과학다반사

초판 1쇄 인쇄일 2023년 7월 20일
초판 1쇄 발행일 2023년 7월 27일

지은이　　　심혜진
발행인　　　양혜령
주간　　　　이미숙
책임편집　　김진아　　　　**책임디자인**　최치영
마케팅부장　조명구　　　　**경영지원팀**　이지연

발행처　　　홍익피앤씨
출판등록번호　제 2023-000044 호
출판등록　　2023년 2월 23일
영업본부　　경기도 고양시 백석동 1324 동문굿모닝타워 2차 927호
대표전화　　02-323-0421
팩스　　　　02-337-0569
메일　　　　editor@hongikbooks.com

ISBN　979-11-982552-7-3 (03400)